Amal Korrida

Cours de microbiologie générale, immunologie et parasitologie

Amal Korrida

Cours de microbiologie générale, immunologie et parasitologie

Noor Publishing

Imprint

Cover image: www.ingimage.com

Publisher:
Noor Publishing
is a trademark of
International Book Market Service Ltd., member of OmniScriptum Publishing Group
17 Meldrum Street, Beau Bassin 71504, Mauritius

Printed at: see last page
ISBN: 978-620-2-35653-4

Cours de

Microbiologie générale, immunologie et parasitologie

Prof. Dr. Amal KORRIDA

PRÉAMBULE

Cet ouvrage constitue une introduction générale à la microbiologie, l'immunologie et la parasitologie. Il fait partie des *curricula* d'enseignements théoriques destinés aux étudiants des Instituts Supérieurs des Professions Infirmières et Techniques de Santé (ISPITS), et vise l'acquisition des savoirs et notions de base qui marquent l'évolution de ces trois disciplines de la biologie.

Il s'agit en l'occurrence de connaître et d'identifier les agents pathogènes qui infectent l'Homme, notamment les virus, les bactéries, les champignons et les parasites, d'étudier leurs classifications et caractéristiques anatomiques et physiologiques, les infections qui leur sont associées, ainsi que les moyens et les procédés déployés dans la lutte contre les différents microorganismes pathogènes.

Sont traités également, le système immunitaire et les mécanismes de défense de l'organisme contre les agressions permanentes par des agents du soi et du non-soi, qui perturbent son homéostasie.

Au final, les étudiants seront amenés à développer des capacités d'apprentissage de façon autonome et à adapter, en cas de pathologies ou de dysfonctionnement de l'organismes, les soins infirmiers appropriés selon les différentes situations cliniques et réalités professionnelles.

L'enseignement comportera 3 grands chapitres :

- La microbiologie générale, *i.e* : la bactériologie, la virologie et la mycologie
- L'immunologie
- La parasitologie

TABLE DES MATIÈRES

Chapitre I- Microbiologie générale :

A. Définitions

Microbiologie : C'est une science biologique qui étudie les microorganismes notamment, les : bactéries, champignons (mycètes), virus, et protozoaires (par exemple les parasites faisant partie des protistes = organismes eucaryotes unicellulaires).

Bactérie : ou microbe est un organisme microscopique procaryote, souvent unicellulaire, mais parfois pluricellulaire.

Virus : C'est une entité biologique infectieuse dite acaryote, qui comme les parasites, requiert une cellule hôte pour se répliquer et vivre. C'est aussi un élément génétique qui contient, soit un ARN, soit un ADN qui peut se répliquer dans la cellule hôte ou présenter une forme extracellulaire.

Champignons : ou mycètes, sont des microorganismes eucaryotes, uni ou pluricellulaires. Leur appareil végétatif est un thalle (donc, les champignons = thallophytes).

Mycologie : C'est l'étude des champignons ou mycètes.

Entomologie : C'est une discipline de la zoologie qui étudie les insectes appartenant à l'embranchement des arthropodes. L'entomologie médicale est une branche scientifique qui traite les insectes endoparasites du genre humain (*e.g* : acariens/tiques) qui sont des suceurs et vecteurs de plusieurs pathologies.

Saprophyte : Sont des germes ou organismes qui s'alimentent des déchets organiques non vivants (fabriqués par les êtres vivants comme les animaux, les végétaux, les champignons…*etc*.). Les bactéries saprophytes ne sont pas offensives pour l'Homme.

Immunité : C'est la capacité d'un organisme à se défendre contre des pathologies et/ou à résister à une agression infectieuse virale (par un virus), bactérienne, parasitaire ou fongique (par un champignon).

Antigène : C'est une substance étrangère à l'organisme (virus, bactérie, cellules altérées de l'organisme, parasites…*etc*.) qui réagit d'une façon spécifique ou non spécifique à certains constituants du système immunitaire comme les : anticorps, les lymphocytes B et T, et donc susceptible de déclencher une réaction immunitaire.

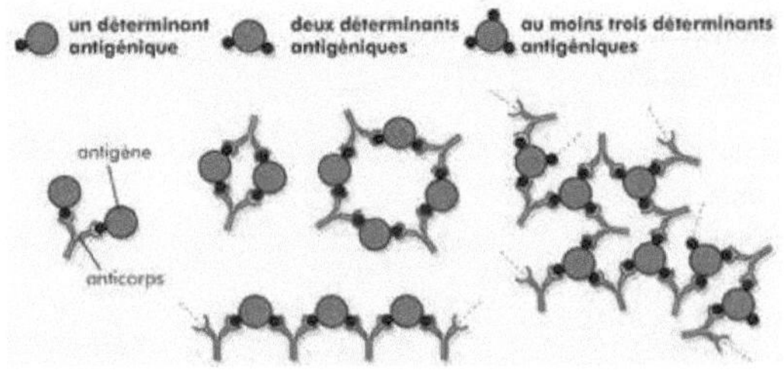

Anticorps : Sont des protéines solubles sécrétées par les cellules plasmocytes (globules blancs ou lymphocytes B matures) qui réagissent avec les antigènes. Ils s'appellent aussi des immunoglobulines (Ig).

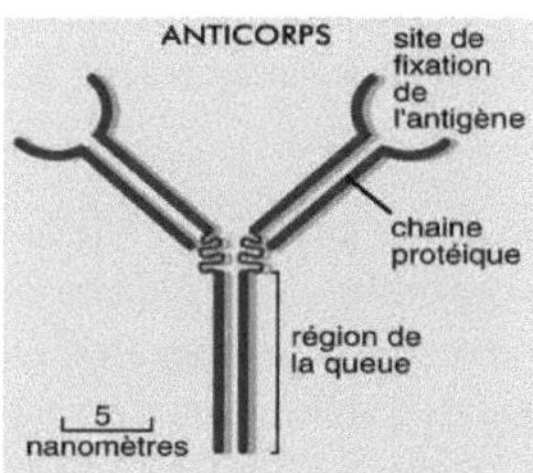

Phagocytose : C'est un mécanisme naturel de l'organisme permettant à un globule blanc (= cellule phagocytaire) d'englober, puis de digérer une substance étrangère ou un antigène. Ce processus joue un rôle de défense dans la fonction cellulaire et immunitaire.

Toxines : Ce sont des substances toxiques et antigéniques synthétisées par certains microorganismes. C'est tout poison d'origine biologique.

Anatoxines : C'est une forme atténuée d'une toxine d'un microorganisme qui garde son immunogénicité (= pouvoir antigénique et immunisant = pouvoir d'une molécule immunogène d'induire une réaction immunitaire spécifique), mais pas sa toxicité. La perte de la toxicité se fait souvent *via* un traitement utilisant de la chaleur et du formol, par exemple lors de la fabrication des vaccins.

Antitoxines : Ce sont des anticorps produits par l'organisme ayant la capacité de neutraliser une toxine spécifique.

Vaccination : C'est l'injection d'un vaccin (agent pathogène inactivé ou affaibli) pour susciter le développement d'une réponse immunitaire précoce dans le but de protéger l'organisme contre une maladie déterminée (vaccination préventive), ou pour combattre une pathologie en évolution tout en augmentant la résistance de l'organisme (vaccination curative).

B. Classifications des microorganismes :

* La taxonomie est la science de la classification des organismes vivants. Elle comprend : l'identification et la nomenclature.

La taxonomie bactérienne est pratiquée dans le diagnostic clinique des souches bactériennes des patients ou du milieu extérieur. Elle s'appuie classiquement sur les caractères phénotypiques en relation avec la morphologie de l'organisme, ses enzymes, son métabolisme énergétique…*etc.*

* Il ne faut pas confondre la taxonomie avec la phylogénie, qui s'articule sur l'analyse des caractères génotypiques !

En effet, avec l'avènement des techniques de la biologie moléculaire, la classification moderne des organismes vivants a été révisée et amendée. Par conséquent, un arbre phylogénétique universel du vivant a été construit en se basant sur la technique du séquençage moléculaire de l'ARNr 16S. La topologie de l'arbre montre la division de l'ensemble des organismes vivants en 3 domaines phylogénétiquement distincts : les archées, les bactéries (ou eubactéries), et les eucaryotes.

Les microorganismes **eucaryotes** (cellules avec de vrais noyaux) comprennent les champignons, les protozoaires (= organismes unicellulaires, *e.g* : les parasites appartenant aux protistes) et les algues, tandis que ceux **procaryotes** (cellules dépourvues de noyaux), englobent les bactéries et les *archaea* (= archées qui sont des organismes qui peuvent croître à des températures et pH extrêmes).

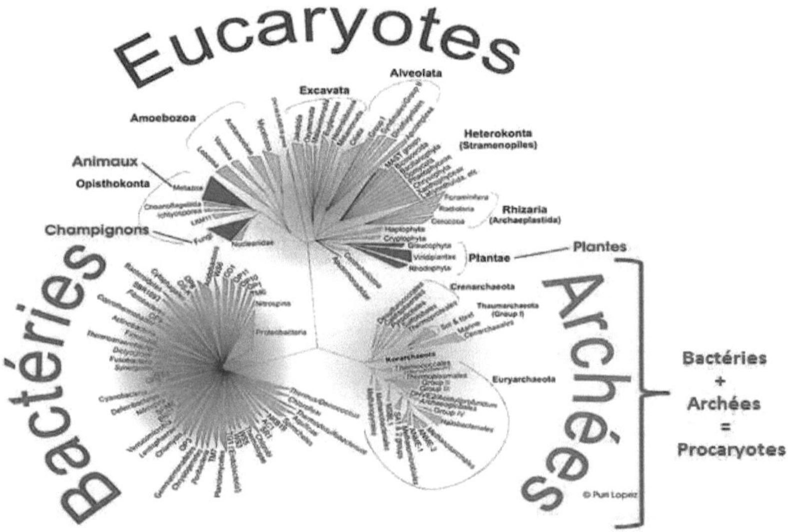

Figure : Arbre phylogénétique universel du vivant
Source: La biodiversité: comprendre pour mieux agir, CNRS

Remarque :

Les **virus** sont des microorganismes mais, ne sont pas des cellules, ils sont donc **acaryotes** et ne faisant pas partie ni de procaryotes ni d'eucaryotes.

* Le concept de l'**espèce** en microbiologie est crucial puisqu'il donne aux souches bactériennes obtenues une identité taxonomique formelle. Ceci est donc contradictoire à la définition biologique de l'espèce qui ne s'articule pas sur les souches procaryotes ou bactériennes (= Les espèces sont des groupes de populations naturelles, qui sont interfécondes (capables de se croiser entre eux) afin d'engendrer une descendance viable et féconde, qui sont génétiquement isolées d'autres groupes similaires).

* Selon les règles de la nomenclature binomiale de Linné 1750 utilisée en biologie, les microorganismes se voient attribuer un nom de genre et un nom d'espèce latins :

Le nom de genre, débute avec une majuscule, et il est suivi du nom d'espèce, écrit en minuscule. Le nom scientifique en entier est écrit en *italique*, *e.g* : *Staphylococcus epidermidis.*

* Le système de classification biologique est basé sur une hiérarchie taxonomique contenant les échelons hiérarchiques suivant : **Règne, Embranchement ou Phylum, Classe, Ordre, Famille, Genre et Espèce.**

Et donc la classification du *Staphylococcus epidermidis*, par exemple, s'écrit comme suit :

Règne : Bacteria
Embranchement : Firmicutes
Classe : Cocci
Ordre : Bacillales
Famille : Staphylococcaceae
Genre : Staphylococcus
Espèce : *Staphylococcus epidermidis*

1. Classification des bactéries :

Le problème majeur quant à l'identification d'une bactérie inconnue, est de déterminer à quel genre et à quelle espèce elle appartient.

D'une manière générale, la classification bactérienne nécessite des tests suivants à effectuer :

- La morphologie microscopique
- La coloration Gram
- La recherche de la mobilité
- La recherche de l'acido-alcoolo-résistance
- La formation des spores
- Le type fermentaire
- L'exigence en CO2
- La croissance aérobie et anaérobie
- Le GC% du génome.
- La recherche d'oxydase et de catalase
-...*etc.*

2. Classification des virus

- Catégorie de l'acide nucléique viral : ADN ou ARN.

- Symétrie de la capside : hélicoïdale ou cubique.

- Absence ou présence de l'enveloppe virale.

- Nombre de capsomères pour les virus à symétrie cubique et diamètre de l'hélice pour les virus à symétrie hélicoïdale.

3. Classification des champignons :

Les mycètes microscopiques saprophytes ou pathogènes pour l'Homme sont classés en différents groupes selon leur importance médicale. On distingue :

i) Les champignons dermatophytes : sont pathogènes et se développent sur la kératine de la peau, des ongles, des poils et des cheveux. Ils provoquent des dermatophytoses (mycoses de la peau), des teignes (infection des poils et du cuir chevelu), et des plis inter orteils, il s'agit du :

- genre Trichophyton
- genre Microsporum
- genre Epidermophyton

ii) Les levures : champignons unicellulaires de structure ronde capables de provoquer la fermentation des matières animales ou végétales, *e.g* : *Saccharomyces cerevisiae.*

iii) Les moisissures : champignons microscopiques formés de spores omniprésents dans l'air, *e.g* : genre Penicillium, Aspergillus, et Fusarium.

iv) Les champignons divers **:** comme les champignons diploïdes et encapsulés : *Candida albicans*, les champignons opportunistes responsables de la pneumocystose : *Pneumocystis jirovecii*, les champignons ascomycètes microscopiques responsables de l'infection respiratoire l'histoplasmose : *Histoplasma capsulatum…etc.*

4. Tableau comparatif des principaux microorganismes : Procaryotes et eucaryotes

Structure cellulaire	eucaryote	procaryote
Taille	2 - 20 mm	0,3 - 2,5 µm
Noyau	présence plusieurs chromosomes	absence un seul chromosome
Nucléole	présence	absence
Membrane nucléaire	présence	absence
Mitochondrie	présence	absence
Lysosome	présence	absence
Appareil de Golgi	présence	absence
Réticulum endoplasmique	présence	absence
Ribosome	présence association au RE rugueux	présence

C. Structure et physiologie des bactéries et virus

Bactéries

1. Anatomie des bactéries :

Elements stables	Eléments non stables
Paroi	Plasmide
Chromosome	Capsule
Ribosome	Flagelle
Membrane cytoplasmique	Pili
Cytoplasme	Spore

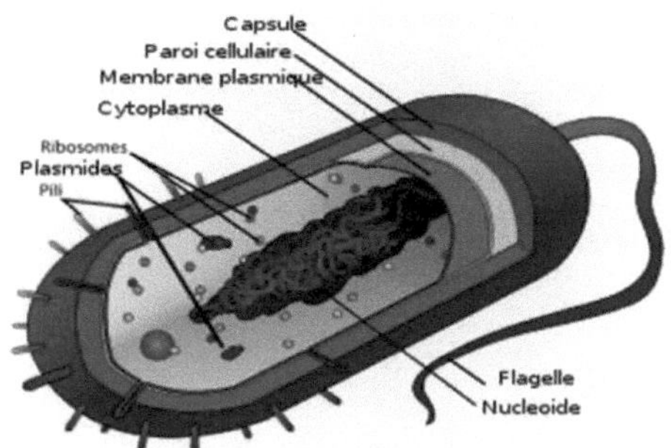

Figure : Structure d'une bactérie

Eléments stables (= constants ou obligatoires)

a. La paroi bactérienne:

C'est une enveloppe solide assurant l'intégrité de la bactérie, donc responsable de la forme des cellules. Elle protège des variations de pression osmotique.
L'enveloppe la plus interne de la paroi est commune à toutes les bactéries (= élément structural de base), elle s'appelle le peptidoglycane ou la muréine. Elle est composée de chaînes glucidiques reliées les unes aux autres par des chaînes peptidiques.

La microscopie électronique révèle des différences importantes entre bactéries à Gram positif et à Gram négatif, en liaison avec le peptidoglycane.

i. Paroi des bactéries à Gram positif

Elle mesure de 20 à 80 nm d'épaisseur et composée essentiellement de peptidoglycane associé à des acides téichoïques.

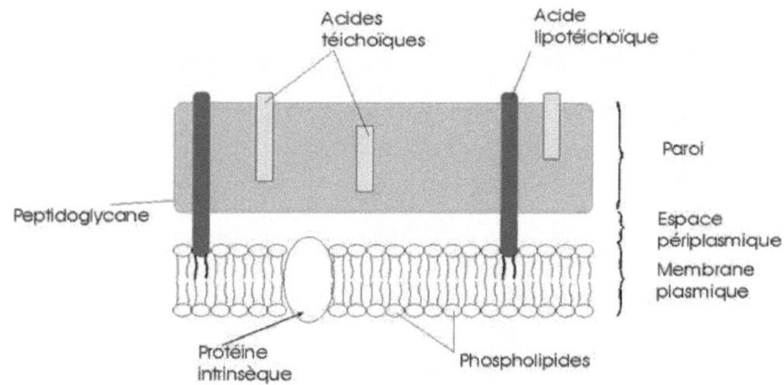

Paroi d'une bactérie Gram positif.

ii. Paroi des bactéries à Gram négatif

Elle est moins épaisse mais complexe. En plus du peptidoglycane, on y trouve :

- une membrane externe, riche en lipopolysaccharides
- un espace périplasmique plus annoncé que chez les bactéries à Gram +.

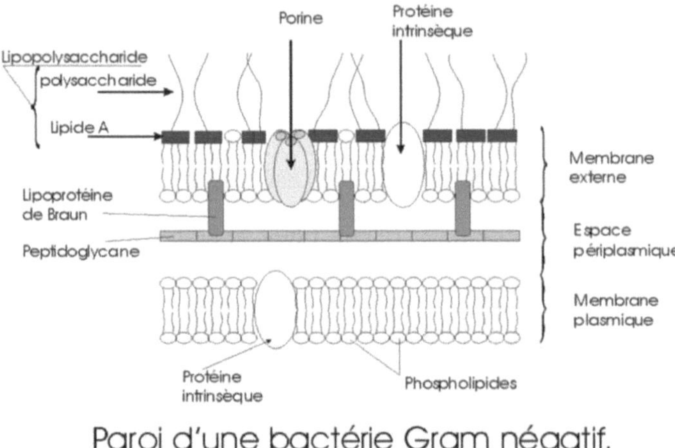

➔ Dans la pratique, la coloration de Gram constitue un élément important de taxonomie bactérienne.

Elle est fondée sur l'action successive du colorant fixateur cristal violet, puis d'iode (ou lugol) ensuite d'un mélange d'alcool et d'acétone pour la décoloration, et enfin une recoloration à la Safranine ou la Fuchsine. Son intérêt direct est de mettre en évidence les propriétés de la paroi bactérienne afin de pouvoir l'identifier et la classer.

Cette technique permet également de donner indirectement, une information rapide et médicalement importante sur le pouvoir pathogène des bactéries et leur sensibilité aux antibiotiques.

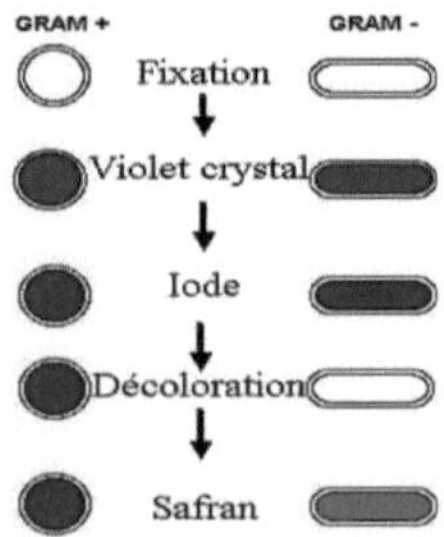

La différence entre bactéries à Gram négatif et bactéries à Gram positif repose donc sur la différence d'épaisseur (importante quantité de peptidoglycanes) et de richesse en lipides de la paroi.

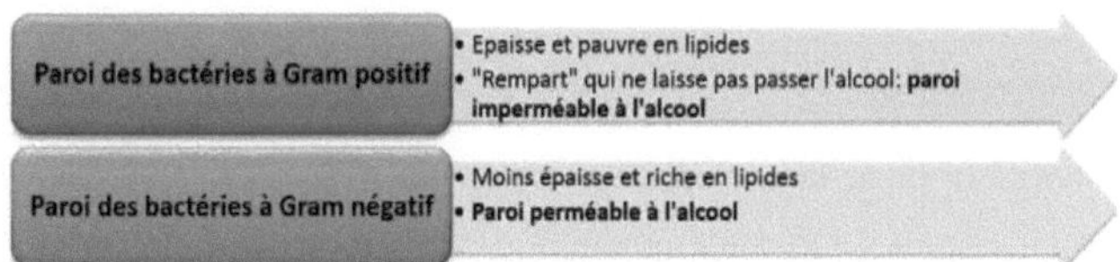

Ainsi par cette coloration les bactéries seront classées en 4 groupes majeurs : Les *cocci* Gram + et -, et les bacilles Gram + et – (▶ voir annexe B).

b. La membrane cytoplasmique

i. Structure

C'est une membrane tri lamellaire formée d'une double couche de phospholipides dont les pôles hydrophobes sont face à face. Elle est associée à des protéines.
Certaines protéines, les perméases, ont un rôle important dans les échanges.
D'autres ont un rôle dans la synthèse du peptidoglycane et sont des protéines de liaison aux pénicillines.
D'autres protéines sont des enzymes respiratoires ou impliquées dans la production d'énergie (ATPase).
La membrane cytoplasmique ne possède pas de stérols (différent des eucaryotes).

ii. Fonctions

La membrane a un rôle métabolique majeur : on y trouve la plupart des activités associées aux mitochondries dans la cellule supérieure :

- ⇨ Perméabilité sélective et transport des substances solubles vers l'intérieur de la bactérie = rôle de barrière osmotique et de transport grâce aux perméases.
- ⇨ Fonction respiratoire par transport d'électrons et de phosphorylation oxydative pour les bactéries aérobies.
- ⇨ Excrétion d'enzymes hydrolytiques
- ⇨ Les flagelles bactériens y sont fixés. C'est là que se génère leur mouvement tournant.
- ⇨ Elle est détruite par certains antibiotiques (polypeptides, antiseptiques).

c. Cytoplasme :

Il est dépourvu d'organites cellulaires, cependant il est riche d'environ 15000 ribosomes qui sont constitués de protéines ribosomales et d'ARN (16S, 23S, 5S). Le blocage de la synthèse protéique par exemple par des antibiotiques, conduit à l'arrêt de la croissance bactérienne.

d. L'appareil nucléaire = Nucléoïde :

Le support de l'information génétique ou nucléoïde, occupe une position intra-cytoplasmique. Il est sous forme d'un seul chromosome circulaire sans enveloppe nucléaire qui est composé de 60% d'ADN, 30% d'ARN et 10% de protéines. Cet appareil est la cible des produits qui inhibent la croissance bactérienne.

e. L'ADN extra-chromosomique :

Il est non indispensable à la vie de la bactérie et constitué de :

i) Plasmides

Ce sont des molécules d'ADN double brin qui se répliquent indépendamment du chromosome, qui peuvent s'intégrer à celui-ci et qui sont transmissibles.
Ils sont porteurs de caractères de fertilité (Facteur F), de résistance aux antibiotiques (Facteur R), de bactériocines (plasmides Col), de virulence, de résistance aux antiseptiques, de caractères métaboliques…*etc.*

ii) Eléments transposables ou transposons

Ce sont des fragments d'ADN qui se déplacent/sautent dans le génome de la bactérie par transposition, d'où le nom de **transposon**. Le transposon est incapable de se répliquer.

Eléments non stables

a. Flagelle :

Il facilite le déplacement des bactéries et il est de nature protéique (**flagelline**).

b. Capsule :

Chez certaines bactéries, la paroi est recouverte par une enveloppe de nature gélatineuse appelée capsule ou glycocalyx, la synthèse de la capsule est influencée par des facteurs génétiques et environnementaux. La capsule est responsable du pouvoir pathogène de la bactérie. Elle peut entourer une seule bactérie, c'est le cas de ***klebsiella pneumoniae***, comme elle peut entourer plusieurs bactéries, c'est le cas de ***streptococcus pneumoniae*** **(= pneumocoque).**

Elle a un triple rôle :

- Rôle antigénique : Les polymères capsulaires purifiés sont la base de certains **vaccins** (*Streptococcus pneumoniae*, *Haemophilus influenzae*).
- Un facteur de virulence (pouvoir pathogène)
- Un intérêt diagnostique : Elle intervient dans l'**identification infra-spécifique**. Ce typage est une des méthodes de reconnaissance des épidémies.

c. Pili ou fimbriae :

Chez les bactéries à Gram négatif (exceptionnellement à Gram +) peuvent exister des structures fibrillaires et rigides situées à la surface, qui sont plus fines que des flagelles : les *pili* ou *fimbriae*. Ce sont des structures de fixation. On distingue 2 types :

i. Pili communs

Ils peuvent attacher spécifiquement des bactéries à la surface de cellules eucaryotes, phase essentielle dans certains pouvoirs pathogènes (*Escherichia coli* au cours de certaines infections urinaires, *Vibrio cholerae* sur les entérocytes).

ii. Pili sexuels

Ils sont plus longs et codés par des plasmides (**facteur F**).
Ils ont un rôle dans l'attachement des bactéries entre elles (conjugaison) et sont le récepteur de virus bactériens ou bactériophages spécifiques.

d. Spores:

C'est une forme de survie ou de résistance de certaines bactéries d'intérêt médical vis-à-vis des conditions défavorables du milieu de la vie (*e.g* : genre *Clostridium* et *Bacillus).* Elle est très résistante à la chaleur, au froid, aux fortes pressions et aux agents chimiques. Cette spore va redonner une bactérie végétative par **germination** lorsque les conditions deviennent favorables (nutritives, thermiques et chimiques).

Intérêt médical :

- ⇨ Botulisme *via Clostridium botulinum.*
- ⇨ Plaies souillées par de la terre provoquant le tétanos par *Clostridium tetani.*

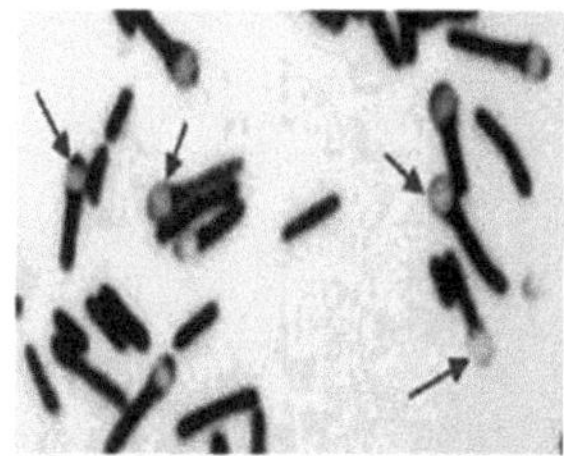

e. Glycocalyx

Le feutrage des fibres de glycocalyx est responsable de l'attachement des bactéries aux cellules (buccales et respiratoires), à des supports inertes (plaque dentaire sur l'émail dentaire, **biofilms bactériens sur les cathéters** (flèches noires sur la photo), ou les prothèses dans le cas de bactéries d'intérêt médical). Il protège les bactéries de la dessiccation, et les rend résistantes aux antiseptiques, désinfectants, et antibiotiques.

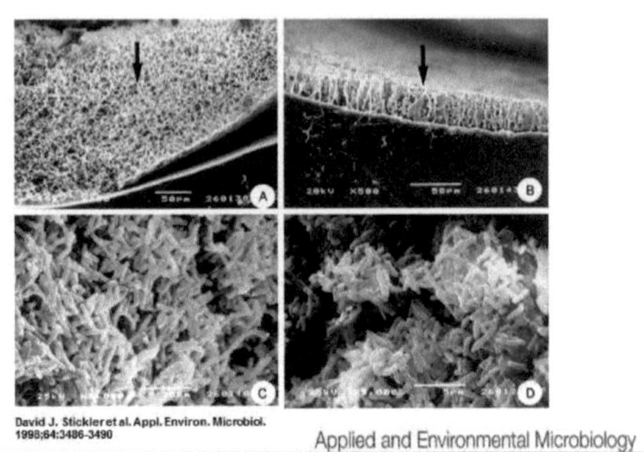

N.B : La morphologie bactérienne est très hétérogène :

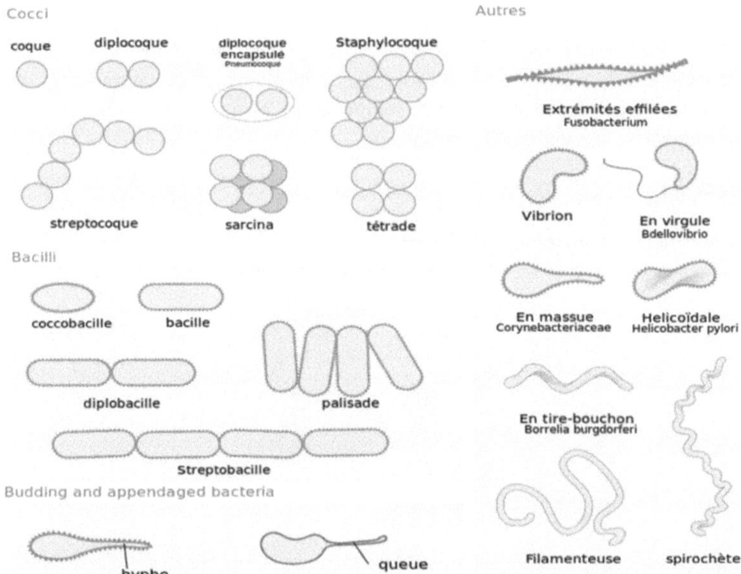

2. Physiologie bactérienne

L'étude des bactéries et leur identification nécessitent leur mise en culture. La physiologie bactérienne va permettre d'optimiser les conditions d'analyse des bactéries, mais aussi d'identifier les moyens les plus efficaces pour lutter contre leur prolifération.

Puisqu'une bactérie se forme, se développe, vit, se reproduit et meurt, sa physiologie peut comprendre les éléments suivants :

I. Nutrition : Les besoins en nutriments, à savoir :

1. Les besoins élémentaires :
Ils permettent à la bactérie la synthèse de ses constituants :

- ✓ C, H, O, N, P et S en quantité importante
- ✓ Fe, Ca, Mg et K en quantité moindre.
- ✓ Co, Cu, Zn et Mn (oligoéléments) en très faible quantité.

2- Besoins énergétiques

- ✓ Soit l'énergie lumineuse pour les bactéries phototrophes.
- ✓ Soit l'énergie fournie par les processus d'oxydoréduction pour les bactéries chimiotrophes.

3- Les besoins spécifiques ou trophiques

Selon les types de bactéries, les besoins spécifiques en nutriments diffèrent.

L'apport d'acides aminés, de bases : guanine, cytosine, adénine et thymine et de vitamines dans les milieux de culture est indispensable à nutrition et à la croissance des bactéries "auxotrophes" comme *l'Haemophilus influenzae*, qui est incapable de synthétiser certains composés organiques nécessaires à son développement.

Les bactéries "prototrophes" par contre, sont capables de synthétiser tous les constituants sans apport extérieur en "facteurs de croissance", *e.g* : *E.coli* est une bactérie prototrophe n'exigeant aucun facteur de croissance, elle se multiplie sur milieu minimum.

4- Les conditions physico-chimiques

i. La température :

Selon leur comportement vis à vis de la température, on distingue :

- Les bactéries mésophiles dont la température optimale de croissance se situe entre 20°C et 40°C. On retrouve dans ce groupe la majorité des bactéries de l'environnement et d'intérêt médical (*e.g* : Entérobactéries).

- Les bactéries thermophiles : la température optimale est de 40°C. Ce sont les bactéries des sources thermales, (*e.g* : *Pseudomonas).*

- Les bactéries psychrophiles : température optimale située entre 4°C et 20°C : Ces bactéries peuvent contaminer les produits alimentaires conservés au réfrigérateur (*e.g* : Listeria).

- Les bactéries cryophiles : vivent à moins de 4°C, ce sont les bactéries des eaux de mer et des glaces.

<u>N.B</u> : Les températures trop élevées sont nuisibles pour les bactéries. Ainsi, la ***stérilisation*** par la chaleur se fait à une température de 180°C au poupinel (chaleur sèche) pendant 30 minutes ou à 120°C à l'autoclave (chaleur humide) pendant 20 minutes.

<u>ii. La pression partielle d'oxygène (PO2) :</u>

Selon leur comportement à l'égard de l'oxygène, les bactéries sont classées en 4 catégories :

- Bactéries <u>aérobies strictes</u> : elles ne peuvent vivre qu'en présence d'O2 de l'air et tolèrent des PO2 élevées, *e.g* : *Mycobacterium tuberculosis* et *Pseudomonas aeruginosa.*

- Bactéries <u>micro-aérophiles</u> : se développent sous une PO2 réduite, inférieure à celle de l'air, *e.g* : *Campylobacter.*

- Bactéries <u>anaérobies strictes</u> : ne se développent qu'en absence d'oxygène. L'oxygène de l'air est toxique pour ces espèces, *e.g* : le bacille tétanique.

- Bactéries <u>aéro-anaérobies facultatives</u> : se développent aussi bien en absence qu'en présence d'oxygène, *e.g* : Entérobactéries (*Salmonelles, Shigelles).*

<u>iii. Le pH</u>
<u>iv. La pression osmotique</u>

<u>II. Métabolisme bactérien</u> : Ensemble de transformations chimiques (anabolisme et catabolisme) qui assurent l'élaboration des constituants cellulaires et leur fonctionnement.

<u>III. Croissance des bactéries</u> en fonction des variations (naturelles ou contrôlées) du milieu dans lequel elles vivent.
La croissance bactérienne = l'augmentation du nombre de bactéries en utilisant des milieux de cultures qui sont appropriés.

<u>N.B</u> : Le temps requis pour ce dédoublement en nombre de bactéries est appelé <u>temps de génération</u>. Il varie d'une espèce à l'autre (*e.g* : 20 minutes pour *Escherichia coli*, 20 heures pour *Mycobacterium tuberculosis* et plusieurs jours pour *M. leprae*).

La courbe de croissance comprend généralement 4 phases :

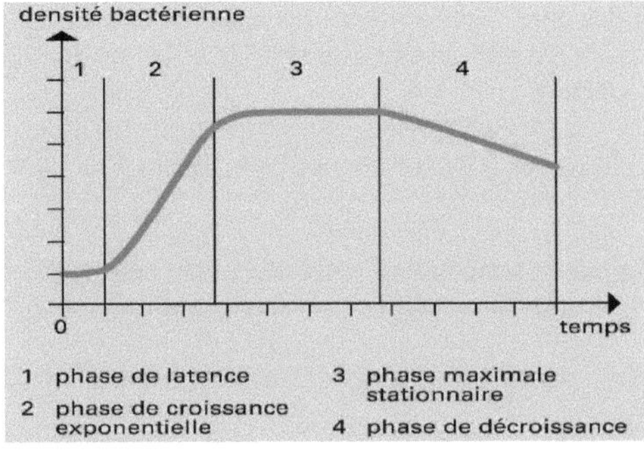

A : **Phase de latence** : la vie cellulaire continue mais sans croissance bactérienne
B : **Phase exponentielle** : il y a une capacité de synthèse maximale de la bactérie (exemple : le temps de génération chez *E. coli* est de 20 min et chez le Bacille de Koch est de 27 H)
C : **Phase stationnaire** : il y a épuisement des ressources nutritives, accumulation des toxines et variation du pH.
D : **Phase de déclin** : elle correspond à la mort bactérienne.

****

L'étude des bactéries ou bactériologie permet plusieurs applications :

⇨ Ces études permettent l'obtention de cultures pures à partir de mélanges ou de produits pathologiques.

⇨ Sur le plan industriel, ces études permettent :

- Une meilleure conservation des souches
- Une recherche de facteur bactériostatique ou bactéricide
- Une utilisation des bactéries sélectionnées dans le contrôle de l'eau, de médicament (antibiotique) ou d'aliment
- La synthèse médicamenteuse, le génie génétique, la synthèse de certains protéines et les fabrications de certains vaccins.

► Pour les curieux : lire sur les antibiotiques et les antibiogrammes !!

****

Virus

Les virus sont des microorganismes acellulaires ou acaryotes, plus petits que les bactéries. Ils présentent un intérêt particulier puisqu'ils sont souvent responsables d'infections pathologies virales comme : la rougeole, l'oreillon, la grippe, la rubéole, le rhume, le SIDA (HIV), l'herpès (HSV1), l'hépatite (VHA, B, C, D, E ou G)...*etc.*

Ces entités biologiques ou éléments génétiques peuvent exister sous une :

- ***Forme intracellulaire***, c'est-à-dire à l'intérieur de la cellule hôte où ils seront intégrés sous forme dormante, en détournant activement la machinerie cellulaire au profit de leur multiplication ou réplication.

- ***Forme extracellulaire***, c'est-à-dire à l'extérieur de cellules hôtes déjà infectées en constituant donc une unité infectieuse, mature et indépendante appelée particule virale ou virion. C'est la phase finale de la biosynthèse des virus.

Un virion possède 4 caractères essentiels :

1- Un seul type d'acide nucléique qui peut être soit de l'ADN, soit de l'ARN.
2- Il se reproduit uniquement à partir de son matériel génétique par réplication de son génome. Il n'existe pas de scissiparité comme chez les bactéries, et il n'y a pas de mitose comme dans les cellules eucaryotes.
3- Il est doué d'un parasitisme intracellulaire obligatoire. Les virions ne peuvent se reproduire qu'au sein d'une cellule hôte vivante.

4- Il possède une structure particulière.

1. Anatomie des virus

Les virus ont des structures très différentes en termes de morphologie, taille et composition chimique.

a. **Le génome viral** est de nature nucléotidique et donc composé d'acide nucléique (ADN ou ARN). Il est toujours à l'intérieur de la particule virale ou virion.

b. **La capside** est une structure protéique entourant le génome viral (ADN ou ARN) et elle est capable d'assurer sa protection et sa survie dans le milieu extérieur. Elle est composée de sous-unités protéiques appelées capsomères ayant un motif répété autour de l'acide nucléique ou génome.

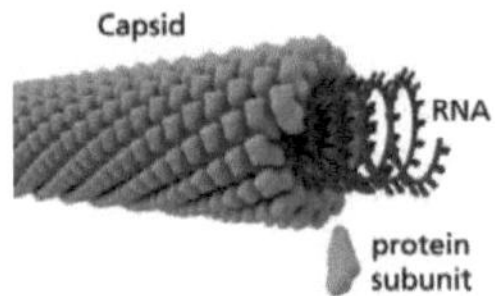

Le complexe acide nucléique-capsomères constitue un nucléocapside.

Les virus limités à leurs nucléocapsides sont dits des virus nus. Par contre, les virus enveloppés ont une nucléocapside entourée d'une structure périphérique sous forme de membrane lipidique. Si cette enveloppe dérive des systèmes membranaires de la cellule hôte, elle peut prendre le nom de peplos. Comme exemple de virus sans péplos : les poliovirus.

La présence ou l'absence d'enveloppe règle en grande partie le mode de transmission des maladies virales, *e.g* : tous les virus humains et animaux à capside tubulaire/hélicoïdale ont un péplos (influenzavirus), ainsi que certains virus à capside icosaédrique comme ceux de la famille des *Herpesviridae, Togaviridae, et Flaviviridae*.

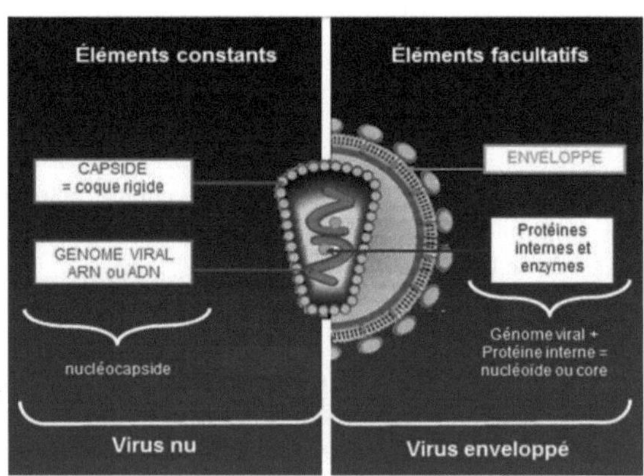

L'arrangement des capsomères dans la capside virale détermine l'architecture du virus ou sa symétrie. Les capsides virales peuvent avoir une symétrie :

- **Cubique, sphérique ou icosaédrique** constitué de triangles équilatéraux comportant 20 faces, 30 arêtes et 12 sommets. Les sous-unités protéiques de la capside s'assemblent en capsomères formés de pentons ou hexons (5 ou 6 sous-unités respectivement).

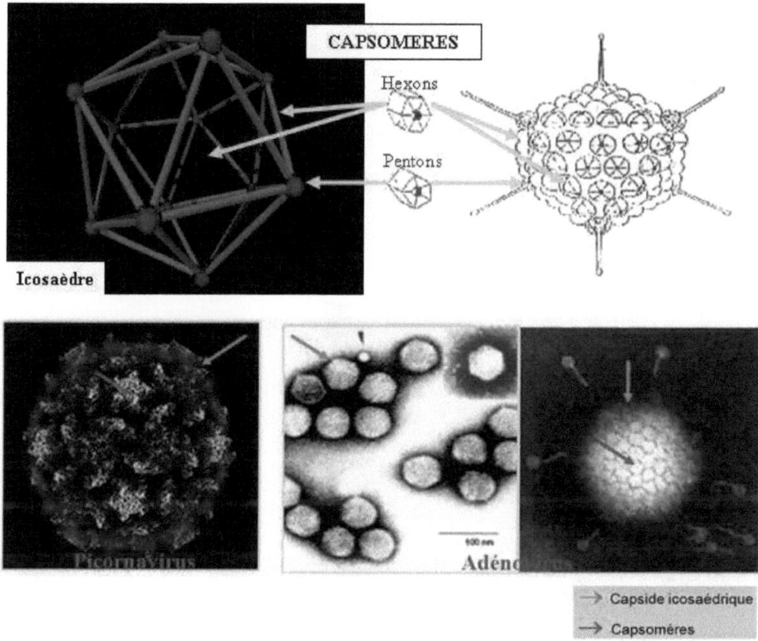

- **Hélicoïdale** dont les capsomères sont arrangés en hélice.

<u>Le virus de la mosaïque du tabac</u> :

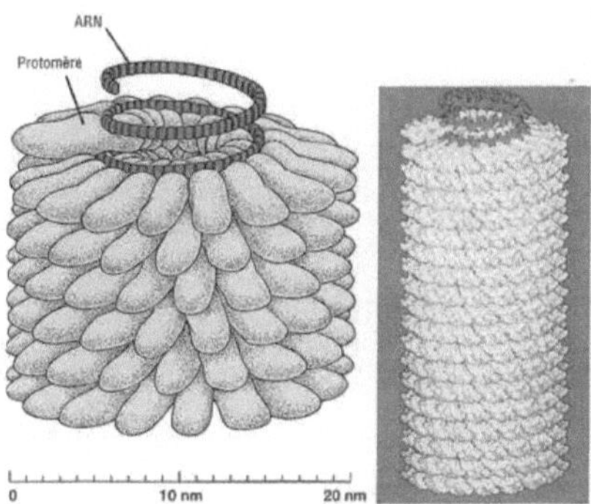

<u>Le virus Ebola</u> :

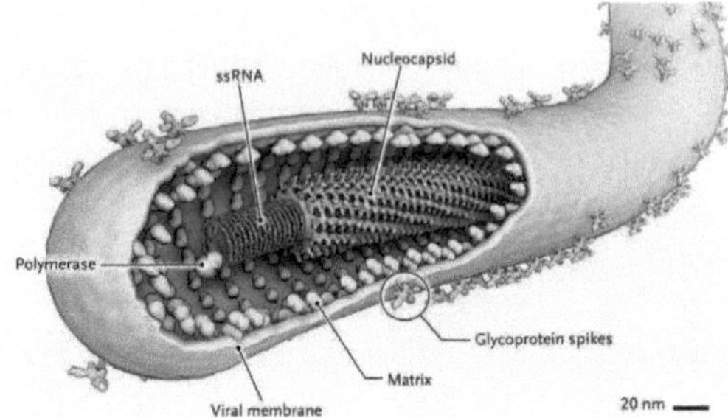

<u>Le corona virus (SARS)</u> = virus à couronne infecte essentiellement les voies digestives et respiratoires supérieures chez les mammifères et les oiseaux.

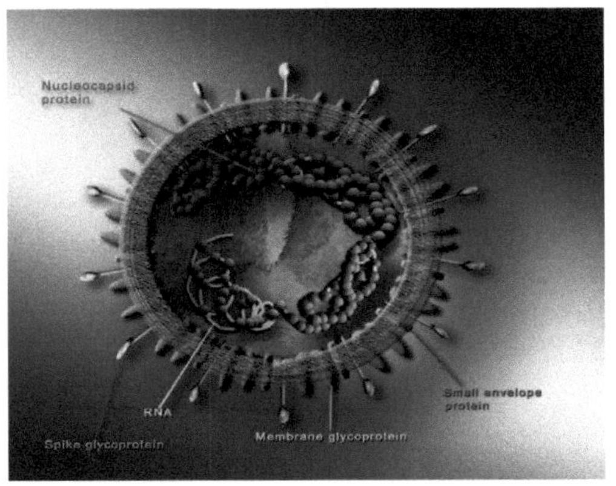

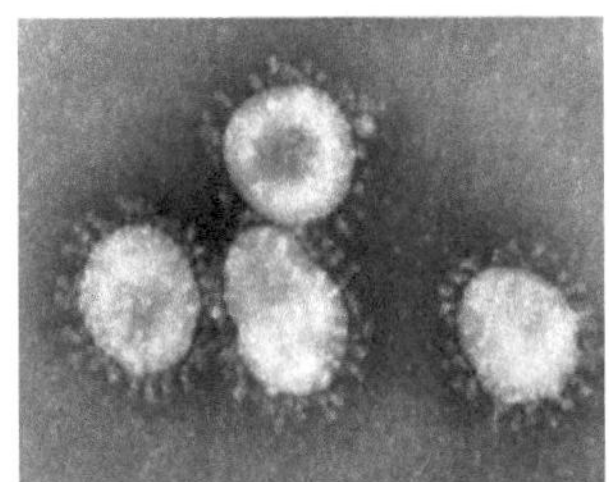

- **Mixte ou complexe**, par exemple chez les virus affectant les bactéries ou les bactériophages (T4 d'*Escherichia coli* ou poxvirus) :

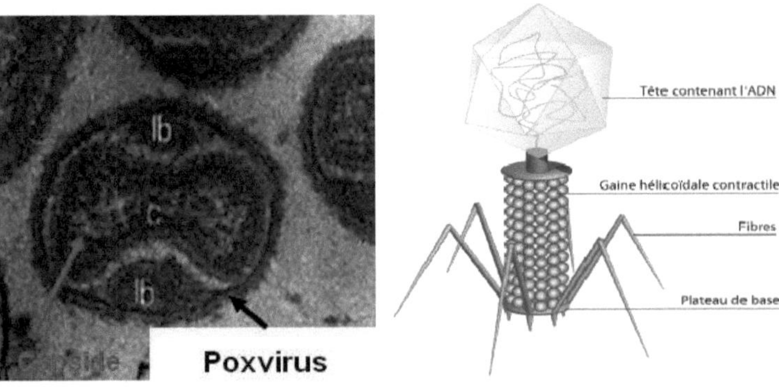

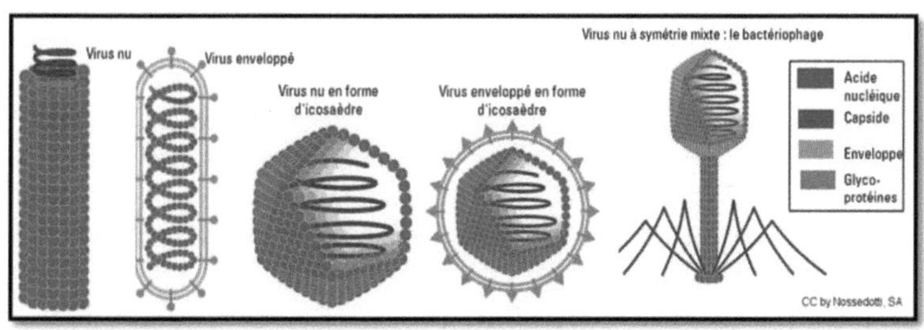

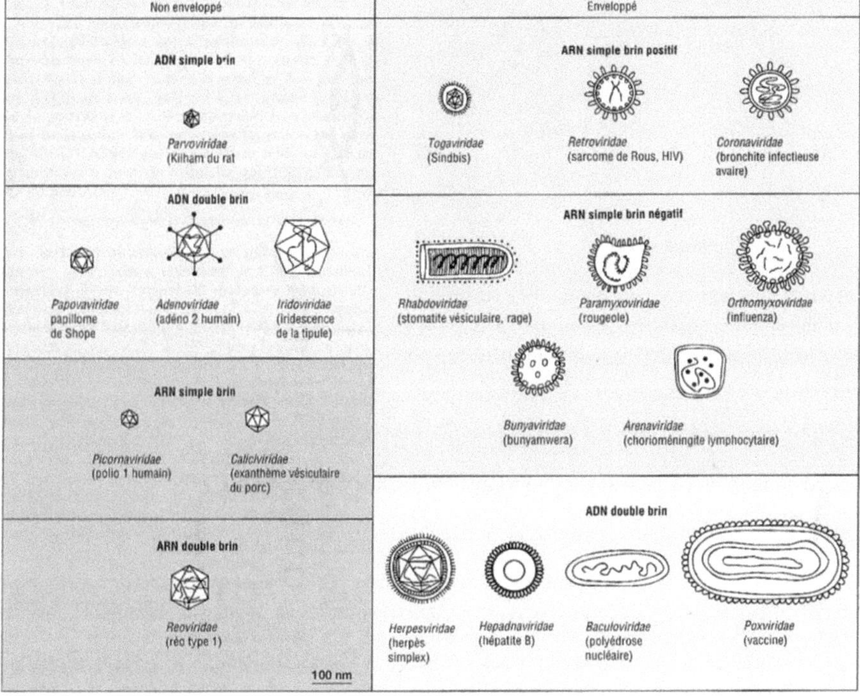

Figure : Classification des virus selon David Baltimore (virologiste lauréat du prix Nobel en 1975 suite à la découverte de l'enzyme transcriptase reverse et les rétrovirus)

2. Physiologie virale (Croissance et réplication virale)

Quand la multiplication ou croissance virale peut aboutir à la mort de la cellule hôte : c'est la **lyse cellulaire**.

Quand le virus interagit avec la cellule hôte et provoque des lésions cellulaires non létales : c'est la **lysogénie** (persistance virale).

i. Croissance virale :

Les virus se répliquent seulement à l'intérieur des cellules hôtes vivantes telles que celles animales, végétales ou procaryotes. La multiplication des virus utilisant des procaryotes (surtout les bactéries) ou des bactériophages (ou phages) sont les plus faciles à obtenir *in vitro*, c'est-à-dire au laboratoire. Pour ce faire, des cultures pures sont utilisées en milieu liquide ou solide d'agarose (moyennant des tubes en verre ou des boîtes de Pétri) et en respectant les conditions d'asepsie (bec benzène), afin d'esquiver la contamination de la surface par des micro-organismes étrangers existant dans l'environnement, les poussières, l'air, le sol...*etc*.

ii. Réplication virale :

Un virus virulent (*e.g* : le phage T2) se réplique en conduisant une cellule hôte vivante à synthétiser les composants essentiels nécessaires aux productions des virions qui vont sortir de la cellule hôte par lyse (conduisant à la mort de la cellule hôte) pour infecter d'autres cellules.

La réplication virale s'effectue en 5 étapes, selon un cycle lytique :

i) L'adsorption ou l'attachement du virion à une cellule hôte sensible

ii) L'injection du virion ou de son acide nucléique (ADN ou ARN) dans la cellule hôte

iii) La synthèse des acides nucléiques et des protéines par le métabolisme de la cellule hôte, puis tardivement dans l'infection, la synthèse des sous-unités protéiques de la capside virale

iv) L'assemblage des capsomères (et des composants membranaires des virus enveloppés) et le remplissage des nouveaux virions par l'acide nucléique

v) La libération des virions matures après la lyse de la cellule hôte.

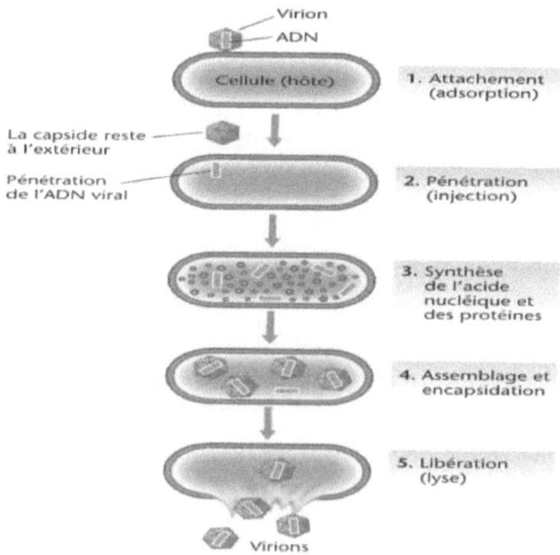

N.B : Les bactériophages ou phages tempérés (*e.g* : le phage λ et le phage Mu) ont une autre alternative de réplication ou de reproduction, qui est basée sur une relation génétique stable avec la cellule hôte. Ces phages ou virus entrent dans un état de lysogénie, où la majorité des gènes viraux ne sont pas exprimés et le génome viral nommé prophage, se réplique de façon synchrone avec le chromosome ou génome de la cellule hôte ! (ne tuent pas la cellule hôte et donc ne libèrent pas de virions).

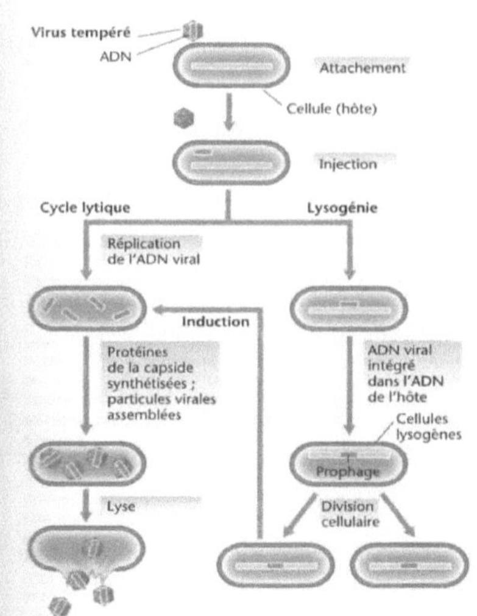

En réponse à une induction (en cas de carence ou de stress de la bactérie), l'infection lysogénique devient un cycle lytique.

D. Voies de pénétration (infections, virulence, maladie) et d'élimination des micro-organismes (barrières)

Le corps humain peut avoir des interactions favorables avec les microorganismes qui l'hébergent et qui sont présents dans sa flore microbienne normale, notamment au niveau de la peau, la bouche, le tractus gastro-intestinal, le tractus respiratoire et le tractus uro-génital. Ces microbes sont généralement bénéfiques à sa bonne santé.

Pourtant, lors d'une diminution de l'immunité et des défenses de l'organisme, certains microbes peuvent devenir néfastes (pathogènes) en se multipliant et attaquent les tissus de l'organisme (hôte), ce qui provoque des lésions, et par conséquents, des maladies infectieuses.

Lexique

Maladie : Lésion chez l'organisme ou les cellules hôtes qui provoque un changement ou une perte fonctionnelle.

Pathogénicité : Capacité d'un microorganisme à provoquer une maladie ou pathologie.

Pathogène opportuniste : Microorganisme provoquant une maladie durant l'absence ou la baisse des défenses naturelles chez un patient (mais pas chez un sujet sain).

Virulence : Niveau de pathogénicité défini par un organisme.

Infection : Conséquence du développement d'un microorganisme chez l'hôte en dépit des maladies, et donc séparément du niveau des lésions. Elle se traduit par des altérations anatomiques ou fonctionnelles, par des manifestations cliniques et biologiques qui résultent du déséquilibre entre la virulence de l'agent pathogène et les capacités de résistances de la cellule hôte.

Invasion : Aptitude d'un agent pathogène à diffuser chez l'hôte.

Toxicité : Pathogénicité liée à l'action d'une toxine produite par un pathogène. Il existe 3 types de toxines :

- Les endotoxines : produites par des bactéries Gram + comme *Shigella, E. coli* et *Salmonella* dans la face externe de leur paroi, au moment de la lyse bactérienne uniquement.

- Les exotoxines : produites par les microorganismes durant la phase de croissance, *e.g* : les toxines tétaniques et botulinique produites respectivement, par des bactéries Gram + anaérobies : *Clostridium tetani* et *C. botulinum*, ou bien les toxines diphtériques générées par la bactérie *Corynebacterim diphteriae*.

- Les entérotoxines : dont l'activité s'exerce dans l'intestin grêle et qui sont produites par des bactéries d'origine alimentaire comme : *Clostridium perfringens, Staphylococcus aureus* et *Bacilus cereus*, ou bien par des pathogènes intestinaux comme : *Vibrio cholerae, Salmonella enteritidis* et *E.coli.*

Réservoir : Site localisé et persistant de l'agent pathogène dans une population donnée, qui présente des sources de contaminations, et à partir duquel se propage l'infection. Il y a 3 types de réservoirs ou sources d'infection :

- Le réservoir humain : Constitué d'agents pathogènes qui affectent l'Homme, à savoir : la variole, la rougeole, la poliomyélite, la grippe, la tuberculose la varicelle, le choléra, la typhoïde, la syphilis et le paludisme.

- Le réservoir animal : Les maladies infectieuses qui ont ce type de réservoir sont appelées **zoonoses**, par exemple : la rage (véhiculée par les chiens et renards), la peste (véhiculée par les rongeurs), la fièvre jaune (véhiculée par les singes), la salmonellose non typhoïdique (véhiculée par la volaille), la grippe aviaire (véhiculée par la volaille), la giardiose (véhiculée par les mammifères sauvages contaminant l'eau par leur selles), le paludisme (véhiculé par les moustiques), le typhus (véhiculé par les poux)...*etc*.

- Le réservoir des sites inertes : Concerne les maladies infectieuses qui ont pour origines des vecteurs inertes comme : le sol (botulisme, tétanos), la poussière (histoplasmose), l'alimentation contaminée (amibiase, choléra, salmonellose, shigellose), l'eau contaminée et les systèmes à air conditionné (maladie du légionnaire).

**** Portes et voies d'entrée des microorganismes :**

i) La porte d'entrée peau-muqueuse : la rupture de cette barrière peut provoquer des brûlures et coupures cutanées...*etc*.

ii) La porte d'entrée respiratoire : la rupture de cette barrière peut provoquer la coqueluche, la diphtérie, la méningite, la pneumonie, la grippe, la rougeole, la rubéole, la tuberculose, la varicelle...*etc*.

iii) La porte d'entrée digestive : la rupture de cette barrière peut provoquer le choléra, la typhoïde, l'amibiase, la poliomyélite, l'oxyurose ou une intoxication alimentaire.

iv) La porte d'entrée génito-urinaire : la rupture de cette barrière peut provoquer des maladies sexuellement transmissibles (MST) comme le SIDA, l'urétrite, la syphilis, les infections nosocomiales urinaires (*e.g* : contractées dans un établissement hospitalier...*etc*.).

v) La porte d'entrée placentaire (= transmission infectieuse verticale de la mère au fœtus) : la rupture de cette barrière peut provoquer les MST (SIDA et syphilis), la rubéole, la toxoplasmose, les hépatites virales B et C...*etc*.

vi) La porte d'entrée parentérale : Les micro-organismes peuvent être introduits dans la circulation sanguine suite aux piqûres d'insectes ou *via* un matériel souillé et contaminé (seringue, instruments médicaux), et peuvent provoquer des pathologies comme : le paludisme, l'hépatite B et C, le SIDA, le cytomégalovirus...*etc*.

<u> Voies d'élimination et de protection contre les microorganismes :</u>**

L'organisme ou l'hôte développe des stratégies de défense (de nature biochimique, anatomique et physique) et de résistance innée visant à limiter la prolifération des microorganismes pathogènes ou à les détruire.

- ***La barrière cutanée*** (peau) est une barrière physique et chimique permettant la sécrétion des acides gras et d'acide lactique par les glandes sébacées qui font baisser le pH à 5 (au lieu de 7.4), et donc limite la croissance bactérienne.

- ***La barrière du mucus***, par ses cellules ciliées sur l'épithélium du nasopharynx et de la trachée, repoussent et refoulent les microbes aspirés ou inhalés dans les sécrétions nasales ou salivaires, et ce en les évacuant par les éternuements (brusque évacuation ou expiration d'air par le nez et la bouche), les expectorations (crachats) et la toux, ou en les avalant et détruisant par l'estomac.

- ***La barrière sanguine*** contient des protéines lysines β qui se fixent et détruisent les microbes.

- ***La barrière gastrique*** utilise des sécrétions acides de l'estomac à pH=2 dans l'élimination des microorganismes pathogènes.

- ***La barrière rénale et naso-oculaire*** utilisent les lysozymes (enzyme se trouvant dans les liquides biologiques comme les larmes et la salive) en tant qu'éléments dans la 1ère ligne de défense contre les infections bactériennes.

***<u>N.B</u>* :**

Les défenses naturelles de l'organisme sont également boostées par des stratégies thérapeutiques ou médicales utilisant des vaccins, des antibiotiques…*etc.*

E. Moyens de lutte contre les microbes :

Il existe 2 procédés permettant le contrôle de la croissance des microorganismes :

* Les procédés qui contrôlent le développement des microorganismes *in vitro* soit par méthodes physiques soit chimiques

* Les procédés qui contrôlent le développement des microorganismes *in vivo* chez l'espèce humaine.

<u>1. Contrôle antimicrobien *in vitro (en dehors du corps humain)*</u>

a. Méthodes physiques :

Elles sont utilisées souvent pour effectuer des :

Décontaminations = traitement rendant un objet ou une surface de travail stérile.

Désinfections = élimination dirigée de germes, destinée à empêcher la transmission de certains micro-organismes indésirables, en altérant leur structure ou leur métabolisme, indépendamment de leur état physiologique. C'est élimination surtout des microorganismes pathogènes des surfaces inanimées, mais pas de tous les microorganismes. Les désinfectants sont des produits ou agents physiques (rayons UV, vapeur d'eau), mais aussi chimiques (l'eau de Javel, eau oxygénée, toluène) qui tuent les microorganismes ou inhibent leur croissances.

Stérilisations = destruction et élimination totale de toutes les formes de microorganismes d'un milieu de croissance. Elles se font soit : **(i)** par rayonnement et selon des longueurs d'ondes différentes : microondes, ultraviolets, rayons gamma, rayons X, ou infrarouges, **(ii)** par filtration stérilisante *via* des filtres = dispositif avec des pores étroits pour le passage des µorganismes, **(iii)** par la chaleur thermique, généralement à 120°C pendant 20 minutes en utilisant un autoclave.

N.B : il existe d'autres méthodes de stérilisation thermiques, à savoir :

La pasteurisation qui se fait entre 62 et 80° pendant une durée courte afin de réduire la charge microbienne des populations de microbes existant dans les produits laitiers ou dans les liquides thermosensibles,

La tyndallisation qui est une stérilisation modérée par étapes, le traitement est long (3 jours) on alterne chauffage et refroidissement pour détruire les spores,

L'ébullition qui détruit rapidement la plupart des virus et des bactéries sous forme végétative, qui ne sont pas sporulés, mais ne détruit pas certains virus et certaines toxines).

N.B : Les agents qui suppriment les bactéries sont des bactéricides, ceux éliminant les virus sont des virucides et ceux détruisant les champignons sont des fongicides.

L'inhibition est la limitation ou la réduction de la croissance bactérienne en raison d'une diminution du nombre des microorganismes dans l'environnement microbien. Les agents qui inhibent les microbes sont des bactériostatiques, fongistatiques, virostatiques...*etc.*

b. Méthodes chimiques :

Les agents antimicrobiens empêchent les développements microbiens, ils peuvent être chimiques ou naturels (plantes médicinales). On distingue 2 types :

- Les agents antimicrobiens chimiques contrôlant les µorganismes non pathogènes chez l'Homme (dans l'industrie : chaîne de refroidissement, climatisation, ou dans la nourriture, chez les animaux...*etc.*).

- Les agents antimicrobiens chimiques contrôlant les µorganismes pathogènes chez l'Homme, notamment, les :

* ***Stérilisants ou sporicides ou stérilisateurs*** = ces produits chimiques détruisent toutes les formes de vie microbiennes et ils sont très utilisés par les laboratoires de recherche et les hôpitaux afin de stériliser les thermomètres, la verrerie, les cathéters, les tuyaux en polyéthylène, ainsi que tous les équipements médicaux et biologiques réutilisables.

* ***Désinfectants*** = détruisent les microorganismes mais pas obligatoirement les spores bactériennes, *e.g* : éthanol, aldéhyde (formol), phénol...*etc.*

* ***Antiseptiques*** = sont des produits de désinfection applicables sur les tissus vivants, en particulier sur la peau, les plaies et les muqueuses (sur les patients). L'efficacité d'un antiseptique dépend de la concentration, du temps de contact, de la température, du pH et de la présence de matières organiques (sérum, sang...*etc.*).

2. Contrôle antimicrobien *in vivo (dans l'organisme)*

La majorité des agents antimicrobiens chimiques cités en haut sont très toxiques pour être utilisés à l'intérieur de l'organisme. Des agents antibactériens appelés chimio-thérapeutiques sont pourtant utilisés *in vivo* et jouent un rôle important en médecine clinique et vétérinaire.

Un agent chimio-thérapeutique est un composé chimique naturel ou de synthèse qui inhibe le développement des microorganismes. Il agit à faible dose, exerce une action très spécifique et une toxicité sélective, et inhibe le développement de sa cible.

On distingue 3 types d'agents chimio-thérapeutiques :

a. Agents synthétiques :

Ils furent découverts en 1935 et toujours issues à partir des goudrons. Cette catégorie inclut : les sulfamides qui sont des analogues de l'acide folique ou la vitamine B9. Ces composés sont généralement plus efficaces contre les bactéries Gram + (sauf *Neisseria gonorrheae* et *N. meningitidis*), et complétement inefficaces contre les virus, les protozoaires, les rickettsies (bactéries parasites intracellulaires obligatoires rencontrées chez les arthropodes), et les mycètes (champignons). Leur mode d'action est similaire à celui des antibiotiques.

b. Antibiotiques :

Ces composés naturels furent découverts et extraits à partir des bactéries et des moisissures. Les antibiotiques (AB) peuvent être administrés par voie buccale, intramusculaire, sous-cutanée ou intraveineuse.

Selon leur spectre d'action, il existe 2 groupes d'AB :

Les AB à large spectre qui agissent sur plusieurs groupes de microorganismes.

Les AB à spectre étroit qui n'agissent que sur un groupe de microorganismes, soit les bactéries Gram – ou des Gram +.

Généralement un AB à large spectre trouve une utilisation médicale plus large qu'un AB à spectre étroit.

Mode d'action : Les antibiotiques affectent la transcription de l'ADN en ARNm, la synthèse de la paroi (pénicillines), la membrane cytoplasmique (polymycines), la synthèse de l'ADN, la synthèse protéique, ou le métabolisme intermédiaire (les sulfamides).

Familles d'antibiotiques	Modes d'action
Fluoroquinolones	Inhibition de la synthèse d'ADN
Rifampicine	Inhibition de la synthèse d'ARN
Tétracyclines, macrolides, aminoglycosides, lincosamides, kétolides	Inhibition de la synthèse protéique
Sulfonamides, triméthoprime	Inhibition de la synthèse du folates (vitamine B9)
Pénicillines, carbapénèmes, daptomycines, céphalosporines, monobactames	Inhibition de la synthèse de la paroi cellulaire

Figure : Mécanismes d'action de quelques principales familles d'antibiotiques

N.B :

La résistance aux AB et l'antibiogramme ne font pas partie de ce cours, cependant, l'étudiant(e) est invité(e) à faire des lectures et des recherches sur ces sujets.

c. Antiviraux :

La chimiothérapie virale consiste à introduire des produits artificiels dans l'organisme pour limiter l'infection virale. Les substances actuellement disponibles ne tuent pas les virus mais les inactiver : les virus restent vivants dans l'organisme, mais leur style de reproduction est bloqué, les antiviraux sont donc des produits virostatiques. Par exemple, d'immense efforts ont été fourni pour contrôler le HIV (ou VIH ou Virus d'Immunodéficience humaine) qui est l'agent responsable du SIDA (Syndrome d'Immunodéficience Acquise) et le 1er antivirus ou agent universel reconnu depuis 1988 qui inhibe le rétrovirus d'HIV est le zidovudine = Azidothymidine ou AZT.

Le lent développement de la chimiothérapie antivirale par rapport aux agents antibactériens est lié à deux propriétés intrinsèques des virus :

- Leur incapacité à s'auto-répliquer
- Leur parasitisme intracellulaire strict

En plus, la chimiothérapie antivirale se heurte à 3 obstacles :

- Interférence avec le métabolisme cellulaire normal, ce qui renforce la cytotoxicité chez les patients immunodéprimés, par exemple l'agent Vidarabine a une toxicité neuromusculaire et le Zidovudine une toxicité médullaire.
- Variabilité génétique des virus qui engendre des mutants résistants aux antiviraux
- Incapacité à éradiquer l'infection virale latente. Par définition, la latence virale est le maintien du virus dans les cellules de l'organisme de façon quiescente, sans réplication virale conséquente (herpesviridae, polyomavirus). Ceci permet donc l'échappement aux antiviraux qui ciblent le cycle de réplication viral.

Chapitre II- Immunologie :Phénomènes de défense de l'organisme

Plan :

INTRODUCTION :

L'immunologie est la science biologique qui étudie le système immunitaire et les mécanismes de défense de l'organisme contre les agressions permanentes par des agents qui perturbent son homéostasie. Ces mécanismes de défense correspondent aux réponses immunitaires de l'organisme qui discriminent le "soi" du "non-soi".

Les agents agressant l'équilibre intérieur et l'intégrité de l'organisme peuvent être :
- des pathogènes exogènes (bactéries, virus, champignons, parasites…*etc*.), mais aussi, certains éléments du soi.
- des proliférations malignes (cancers).

Afin de lutter contre ces perturbations, l'organisme est doté de plusieurs barrières et stratégies de défense :

- ***l'immunité innée, naturelle ou non spécifique***, qui est immédiate et active dès la naissance. Elle consiste en une élimination des éléments étrangers par phagocytose.
- ***l'immunité spécifique, acquise ou adaptative***, qui est tardive et requiert un apprentissage et une mémoire. En effet, les cellules de l'immunité acquise doivent être au contact des éléments étrangers (antigènes) pour apprendre à les reconnaître de manière hautement spécifique. Celle-ci met en jeu les globules blancs : lymphocytes B et T et la production d'anticorps (= protéines spécifiques d'un antigène), qui facilitent l'élimination des micro-organismes pathogènes en se fixant sur eux.

A. Organisation du système immunitaire

1. Cellules immunitaires

Les cellules du système immunitaire sont les globules blancs ou leucocytes. Elles sont essentiellement localisées dans le sang et la lymphe, mais peuvent se trouver également dans les tissus, ainsi que dans des organes spécialisés : les organes lymphoïdes.
Ces leucocytes prennent tous naissance dans la moelle osseuse à partir de cellules souches hématopoïétiques.

Ils se divisent en deux lignées : la lignée myéloïde et la lignée lymphoïde.
- La lignée leucocytaire myéloïde procure la majorité des cellules du système immunitaire. Ces cellules sont les monocytes/macrophages (monocyte dans le sang et macrophage dans les tissus), les granulocytes, les cellules dendritiques…*etc.*
- La lignée leucocytaire lymphoïde provient du même précurseur et donne naissance à au moins, trois types cellulaires : les lymphocytes T, les lymphocytes B et les cellules NK.

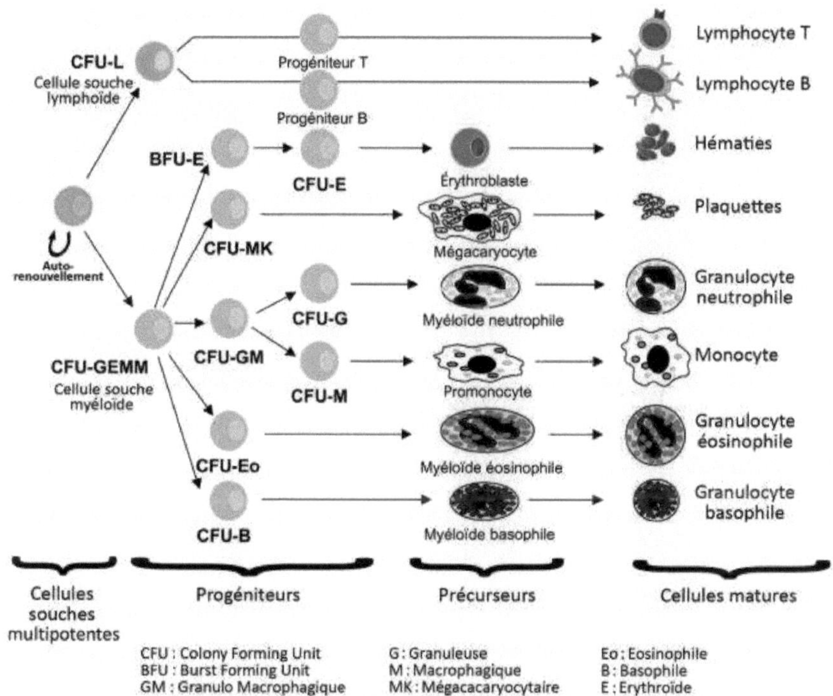

Compartiments de l'hématopoièse

i. Les cellules immunitaires de la réponse immunitaire innée

- Les phagocytes : sont des monocytes, les macrophages, les cellules dendritique, et les polynucléaires ou granulocytes.

- Les cellules NK ou tueuses naturelles (Natural killers) = ne possédant pas de capacité immunitaire, mais ayant la compétence de détruire. En l'absence d'anticorps, certaines cellules apparaissent à la suite de la pénétration d'un virus dans l'organisme. Leur rôle serait lors de la lutte contre certaines tumeurs.

- Les mastocytes = une variété de leucocytes jouant un rôle primordiale dans les **allergies**.

- Les cellules résidentes = comme les fibroblastes, cellules musculaires et cellules épithéliales, elles présentent des expansions cytoplasmiques ou des **dendrites**, et on les trouve dans l'ensemble des tissus de l'organisme, plus spécifiquement au niveau de l'épiderme et au niveau du thymus. Elles ont deux origines, soit **myéloïde** en dérivant du monocyte, soit **lymphoïde**.

ii. Les cellules immunitaires de la réponse immunitaire adaptative (humorale et cellulaire)

- Le lymphocyte B

Le lymphocyte B est responsable de l'**immunité humorale**, qui vise à produire des anticorps spécifiques de l'agent pathogène ou antigène. Le lymphocyte B se différenciera :

- Soit en **plasmocytes** qui sécrètent les anticorps solubles qui iront se fixer sur l'antigène (par opsonisation), facilitant ainsi la phagocytose. Ces cellules ne présentent pas d'anticorps membranaires.
- Soit en **lymphocyte B mémoire** qui expriment à leur surface, les anticorps spécifiques d'un antigène, permettant une réponse plus rapide si une seconde infection se présente.

Le lymphocyte B joue également le rôle de cellule présentatrice d'antigène (CPAG) en présentant les molécules de classe II du CMH, en plus des molécules de classes I du CMH. L'ontogénie des lymphocytes B correspond, d'une part, au développement de ceux-ci à leur maturation, et d'autre part, à l'acquisition de la tolérance au soi.

- Le lymphocyte T

Le lymphocyte T est responsable de l'immunité cellulaire, qui vise à détruire les cellules pathogènes. L'ontogénie des lymphocytes T correspond également d'une part, au développement de ceux-ci à leur maturation (thymocytes), et d'autre part, à l'acquisition de la tolérance au soi (au niveau de thymus).

On distingue plusieurs types de lymphocytes T :

- Les **LT CD8** qui ont comme destinée leur évolution en **LT cytotoxique**.
- Les **LT CD4** qui donneront des **LT helper** (ou **auxiliaires**), qui ont un rôle de régulation de la réponse immunitaire adaptative par activation d'autres cellules immunitaires.

iii. Cellules à l'interface entre les deux systèmes

- Les cellules NKT = *Natural Killer T :* sont des cellules intermédiaires entre la cellule NK et le lymphocyte T.

- Les lymphocytes T γ-δ = des lymphocytes T particuliers.

2. Les organes et tissus lymphoïdes

i. Organes lymphoïdes primaires : La moelle osseuse ou **hématopoïétique** (= le tissu ou les cellules qui se trouvent à l'intérieur des os, où naissent tous les leucocytes et où se différencient les lymphocytes B) et le thymus (= un organe situé derrière le sternum, devant la trachée, et dont le volume diminue après la deuxième année de la vie. C'est le lieu de différenciation des lymphocytes T).

ii. Organes lymphoïdes secondaires : Les ganglions ou nœuds lymphatiques (=le point de rencontre des vaisseaux lymphatiques, la rate (il joue un rôle dans l'immunité et dans le renouvellement des cellules sanguines), les amygdales ou tonsilles (= formations lymphoïdes pairs, en forme d'amande, situés dans la gorge, les plaques de Peyer (= intestin grêle).

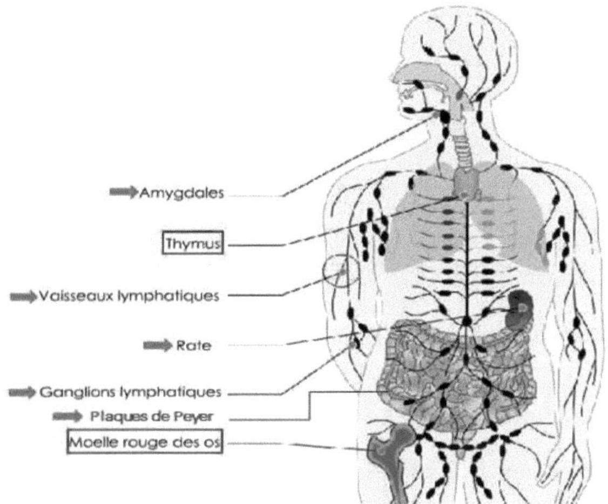

Figure: Organes lymphoïdes primaires (rouge) et secondaires (vert)

B. L'immunité innée

C'est la première ligne de défense vis-à-vis des agents infectieux et pathogènes qui nous entourent. Elle est mise en jeu immédiatement et elle est fonctionnelle 4 jours (96 heures). Elle met en jeu différents **modules de défense** :

- Des **modules constitutifs** comme la barrière peau-muqueuse et celle de la flore bactérienne commensale : digestive, génitale, cutanée et respiratoire, qui empêchent l'adhésion des pathogènes (virus, bactéries…*etc.*) par des mécanismes mécaniques, chimiques ou biologiques.
- Des **modules induits** : si les premières barrières de défense de l'organisme sont franchies, suite à une atteinte tissulaire, un phénomène de phagocytose (avec ou sans opsonisation), ainsi qu'une réaction inflammatoire apparaissent vont être installés, avec mise en place locale d'une réponse immunitaire innée. Trois cellules immunitaires peuvent identifier les antigènes immédiatement *via* leurs récepteurs de surface : les mastocytes et les macrophages vont orchestrer la mise en place de la réponse inflammatoire aiguë, et les cellules dendritiques qui n'ont pas de rôle direct

dans la réponse inflammatoire, vont participer à la mise en place de la réponse immunitaire adaptative par la suite (migration et diapédèse).

La réponse immunitaire innée est induite par un **signal de danger** émis suite à l'interaction spécifique entre des **récepteurs du soi** appelés **PRR** (pour *"Pattern Recognition Receptors"*) et des **molécules du non-soi antigéniques** appelées **PAMP** (pour *"Pathogen Associated Molecular Patterns"*) présents au niveau des microorganismes qu'ils soient pathogène ou non.

Les PRR sont des récepteurs, qui sont tous les mêmes au sein d'une espèce. Ces récepteurs sont exprimés au niveau de différentes cellules présentes dans le tissu infecté ou lésé : les macrophages, les cellules dendritiques (CD), les cellules NK, les polynucléaires, les mastocytes et les cellules résidentes.

Les phagocytes mononucléés résidents (macrophages et cellules dendritiques) et les mastocytes, sont les premières cellules activées par des signaux de dangers. En réponse à cette activation, elles libèrent de l'histamine (amine vasoactive stockée dans les granules des mastocytes et des basophiles), des cytokines pro-inflammatoires (TNF (Tumor Necrosis Factor), IL (Interleukine), interférons, des chimiokines (cytokines impliquées dans la migration cellulaire), et des médiateurs de l'inflammation (prostaglandine, kinine, leucotriène, CRP (C-Reactive Protein = puissante opsonine favorisant la phagocytose des pathogènes par les macrophages, enzymes, oxyde nitrique (NO)...*etc.*). Les conséquences fonctionnelles de cette activation sont l'élimination du pathogène (*e.g* : par phagocytose et activation d'une réaction inflammatoire, et/ou par réparation de la lésion).

1. Phagocytose et opsonisation :

La phagocytose se réalise par des cellules phagocytaires : macrophages, cellules dendritiques, et polynucléaires, en différentes étapes :

1. L'**opsonisation** (non obligatoire) correspond à l'attache des opsonines tout autour de la bactérie.
2. Le **chimiotactisme** permet d'attirer les macrophages vers la bactérie opsonisée, et ceci grâce aux chimiokines.
3. La **phase d'adhérence** et de formation de la vacuole de phagocytose ou phagosome.
4. La **phase de destruction** correspond à la digestion de la bactérie.

La phagocytose est un élément central dans la destruction du pathogène par les cellules de l'immunité innée, **et aussi** dans la capture de l'antigène par les cellules présentatrices de l'antigène (**CPAG** = les macrophages, les cellules dendritiques, et les lymphocytes B), et par conséquent, dans l'initiation de la réponse immunitaire adaptative.
Parallèlement aux phagocytes, d'autres cellules et composants du système immunitaire inné peuvent participer à la destruction des agents pathogènes, à savoir :

Les cellules NK : ont une importance cruciale dans la destruction des cellules infectées par un virus ou des cellules tumorales. Généralement, les cellules NK ne reconnaissent pas directement le pathogène mais détectent un problème (infection, tumorisation) dans une cellule du soi.

Les peptides antimicrobiens : sont fortement microbicides et agissent généralement en créant des pores dans la paroi des micro-organismes.

Les interférons de type I (interféron α et interféron β) : sont synthétisés par les cellules infectées par un virus et contribuent à la défense des cellules non infectées.

2. Réaction inflammatoire :

L'activation de la réaction inflammatoire se fera grâce à des cytokines = les TNF (ou Tumor Necrosis Factor α), les chimiokines, les interférons, et les interleukines IL.

N.B : Conséquences de la libération des cytokines :

Parmi les conséquences de la libération des cytokines : i) la formation de la protéine **CRP** (*C-Reactive protein*) qui fait partie des PRR solubles, et joue le rôle d'opsonine (opsonisation) en se fixant sur les microorganismes pathogènes. Elle est également utilisée en tant que marqueur de l'inflammation aigue, dosable dans le sang, ii) la **Vasodilatation**, induite par le monoxyde d'azote (NO), permettant une augmentation de la perméabilité vasculaire, iii) la **coagulation** induite par le **TNF-α** qui vont favoriser la coagulation dans les capillaires, inhibant ainsi la propagation sanguine des micro-organismes infectieux…*etc.*

Lorsqu'un agent infectieux est détecté au niveau d'un **tissu**, les cellules immunitaires résidentes sécrètent des molécules chimiotactiques, des **chimiokines**, et des composants du **complément** (= vingtaine de protéines qui vont réagir en cascade les unes avec les autres. Le but du complément est d'activer la réponse inflammatoire, de faciliter la phagocytose des bactéries virulentes non phagocytables directement (par opsonisation), et plus particulièrement de détruire la cellule cible), qui recrutent d'autres phagocytes sur le lieu d'infection. Les granulocytes neutrophiles sont les premiers arrivés, suivis des monocytes qui se différencient en macrophages.

Les cellules dendritiques capturent les antigènes et migrent vers les organes lymphoïdes secondaires où elles présentent les antigènes issus de ces pathogènes aux lymphocytes T, c'est la diapédèse.

N.B : Les PRR solubles jouent un rôle important dans l'**activation du complément**, dans l'**activation de la réaction inflammatoire** (gonflement ou œdème, fièvre, douleur, chaleur, rougeur ou érythème), et aussi dans la **phagocytose**.

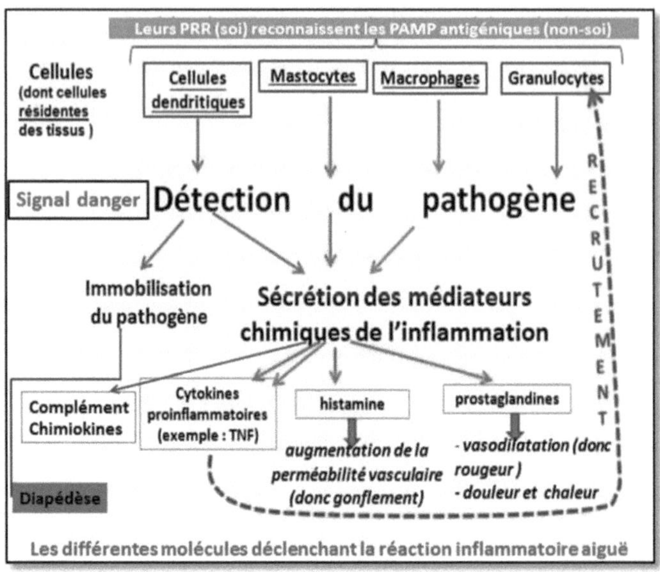

C. L'immunité acquise

L'immunité innée est à l'origine de l'activation de l'immunité adaptative. Dans ce cas les lymphocytes B et T doivent être activés par les cellules présentatrices d'antigènes (CPAG) qui sont des phagocytes jouant un rôle dans l'immunité innée : macrophages, cellules dendritiques… *etc.*

L'activation des lymphocytes est la conséquence de leur interaction avec un pathogène antigénique, directement pour les lymphocytes B, et *via* la présentation par une molécule du complexe majeur d'histocompatibilité (CMH) pour les lymphocytes T.

Cette activation permet ainsi aux lymphocytes de passer d'un stade **mature naïf** à un stade **mature activé** qui correspondra aux lymphocytes T cytotoxiques, lymphocytes T auxiliaires (ou helper), et également aux lymphocytes B différenciés (ou plasmocytes), ainsi qu'aux cellules B mémoires.

La réponse immunitaire adaptative ou acquise comprend : l'immunité à médiation cellulaire (par les lymphocytes T) et l'immunité humorale (par les lymphocytes B).

1. L'immunité à médiation cellulaire (lymphocytes T) :

Les CPAG présentent des reliquats de digestion des antigènes (Ag) ou fragments ou peptides antigéniques aux lymphocytes T, ces derniers sont dotés de récepteurs spécifiques de cellules T ou TCR (pour T-Cell receptors). Les TCR sont spécifique à un seul peptide antigénique.

Il existe d'autres types de lymphocytes T :

- ***Les cellules Tc ou T cytotoxiques*** qui produisent des substances toxiques et attaquent directement les cellules présentant les Ag sur leurs membranes.

- ***Les cellules T auxiliaires ou helper (LT auxiliaires)*** :

* Th1 ou T helper1, qui une fois activées par les Ag, produisent des cytokines (Interféron et TNF) qui activent d'autres cellules destructrices comme les macrophages.

* Les cellules Th2 ou T helper2 interviennent sur les lymphocytes B activés qui se différencient en plasmocytes sous l'effet de l'interleukine IL2 (une cytokine produite par la cellule NKT) et qui produisent des anticorps (Ac) ou des immunoglobulines (Ig).

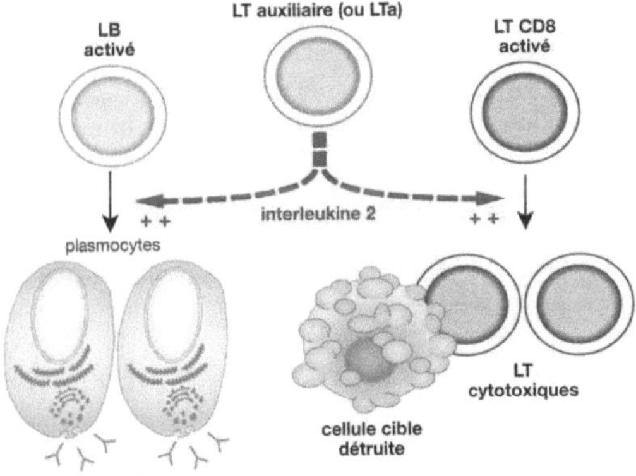

__N.B__ :

L'antigène (Ag) est une molécule, soluble ou non, de nature peptidique, glucidique, lipidique ou encore un acide nucléique, pouvant être reconnue par :

- un anticorps (Ac)
- un récepteur à l'antigène des lymphocytes B (BCR ou B-Cell receptor)
- un récepteur à l'antigène des lymphocytes T (TCR ou T-Cell receptor)

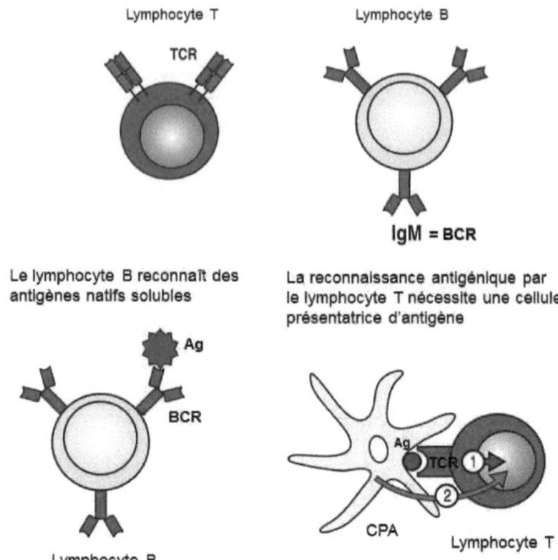

La propriété de liaison de l'antigène aux différents récepteurs lui confère son antigénicité (= pouvoir pour une molécule de se comporter comme un antigène et de provoquer la production d'Ac). Pourtant, seuls les antigènes qui provoquent une réponse immunitaire adaptative sont qualifiés d'immunogènes.

2. L'immunité humorale (lymphocytes B) :

Chaque lymphocyte B reconnait d'une manière spécifique et unique un Ag et le neutralise.

Les ***immunoglobulines (Ig)*** sont des protéines présentes sous forme de récepteurs membranaires (BCR) et sous forme soluble (anticorps ou Ac).

Les Ig ou Ac se lient à des déterminants antigéniques ou Ag qui existent dans le sérum et dans les fluides de l'organisme (*e.g* : lait maternel et sécrétions digestives). Le sérum contenant des Ac spécifiques d'Ag est un antisérum.

Les Ac sont aussi des Ig sécrétées par les plasmocytes (cellules B différenciées). Ils ont la propriété de se lier spécifiquement à l'Ag entraînant ainsi 3 effets complémentaires : la destruction, l'opsonisation (augmente la probabilité pour une cellule d'être phagocytée quand les Ac se fixent aux pathogènes ou Ag sur sa membrane) et l'activation du complément.

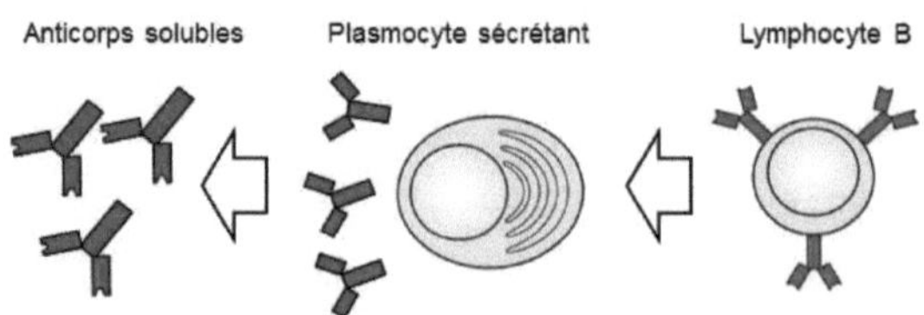

La structure des (Ac) ou des immunoglobulines (Ig) est la suivante :

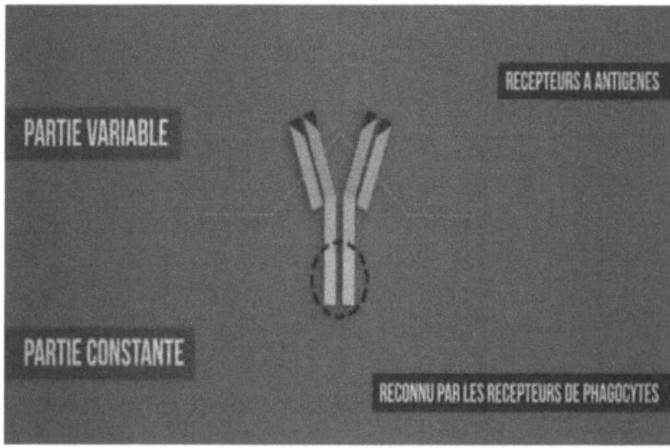

N. B : Le paratope est le site de fixation de l'Ag sur l'Ac (partie variable) = l'épitope de l'Ag.

Les différents isotypes des immunoglobulines (ou la diversité des Ig)

Les (Ig) se répartissent en 5 classes majeures selon leurs caractéristiques biochimiques, immunologiques et physiques : IgG, IgE, IgA IgM et IgD.

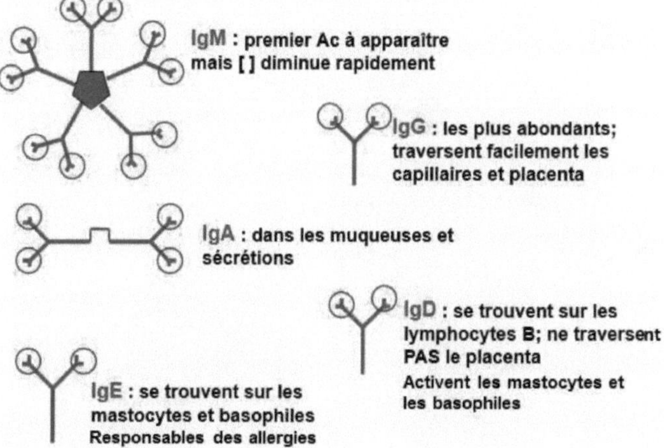

D. Complexe Majeur d'Histocompatibilité (CMH)

Les molécules du Complexe Majeur d'Histocompatibilité (CMH) ont été découvertes de manière fortuite par les personnes réalisant des greffes d'organes.
Le CMH chez l'Homme est appelé HLA (pour "Human Leucocyte Antigen").
Ces molécules présentent un très grand polymorphisme (variabilité ou diversité) qui les rend très immunogènes (= reconnus et suscitent une réponse immunitaire), et donc responsables des réactions de rejet de greffes.

Le CMH est également une région du génome, dont les gènes codent pour les molécules d'histocompatibilité qui sont présentent à la surface de cellules présentatrices d'antigène et qui assurent la présentation des antigènes aux TCR des lymphocytes T afin de les activer.

Chaque lymphocyte T, en plus de son TCR, exprime une protéine en tant que corécepteur ou cluster de différenciation (CD). Ainsi, pour les lymphocytes T helper ou auxiliaires, c'est le CD4 et pour les lymphocytes Tc cytotoxique, c'est le CD8.

Les gènes du CMH se divisent en trois classes :

- ✓ Les **gènes de CMH-classe I** qui sont présents sur **toutes les cellules nucléées de l'organisme** (sauf sur les globules rouges) permettent la présentation du peptide antigénique aux lymphocytes T CD8 qui deviendront des **lymphocytes T cytotoxiques**.
- ✓ Les **gènes de CMH-classe II** qui se trouvent seulement sur les CPAG (les monocytes, les macrophages, les cellules dendritiques, les lymphocytes B et les cellules épithéliales du thymus) et présentent les molécules du peptide antigénique aux lymphocytes T-**CD4** qui deviendront des **cellules T helper** ou auxiliaires
- ✓ Les **gènes de CMH-classe III** qui codent pour des molécules n'intervenant pas dans la présentation de l'antigène.

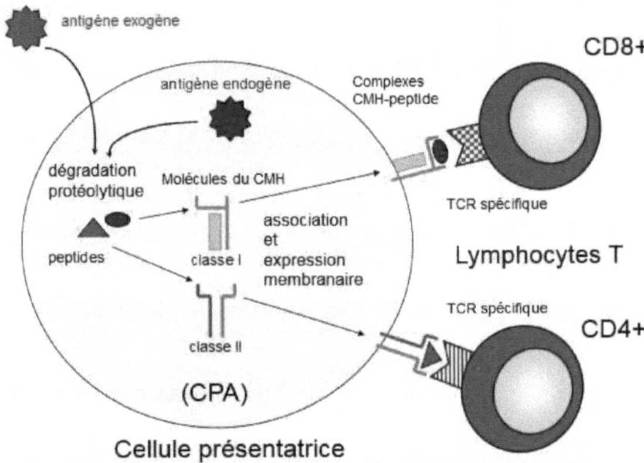

E. Dysfonctionnement du système immunitaire

Les réactions immunologiques peuvent léser les cellules et provoquer les maladies comme : les allergies, les hypersensibilités et les maladies auto-immunes (MAI).

Allergie :

C'est la réactivité immunologique exagérée et inadaptée à un antigène. Cette pathologie est dirigée contre les allergènes= les pollens, les venins d'insectes, les aliments, les poils d'animaux, les acariens dans la poussière de la maison …*etc*. Elle se manifeste par les allergènes qui forcent les lymphocytes T helper 2 à produire des cytokines qui mobilisent les cellules B productrices d'IgE, par exemple, dans le cas d'intolérance au lactose, d'intolérance médicamenteuse, de rhume des fois...*etc.*).

Il y a 2 types d'allergies :

- Allergies immédiates (la réaction du système immunitaire survient dans les minutes, voire les heures suivant l'exposition) :

  - ✓ Gonflements du visage, des lèvres et du cou (crises d'asthme, détresse respiratoire)
  - ✓ Crampes abdominales, nausées, diarrhées
  - ✓ Ecoulement nasal et réaction cutanée (démangeaisons, brûlures)
  - ✓ Chute de tension, dans les cas graves

** En cas de **choc allergique = anaphylactique** (pâleur, perte de conscience, palpitations), un collapsus circulatoire (chute de la tension artérielle exacerbée) peut survenir. Il s'agit d'une urgence médicale nécessitant un traitement immédiat.

- Allergies de contact (Les manifestations surviennent quelques jours plus tard) :

Ses réactions sont le plus souvent locales, et se manifestant par des brûlures, des démangeaisons, des rougeurs et des inflammations (eczéma).

1. Hypersensibilité :

C'est un mode de réponse de l'immunité *adaptative* face à un antigène (du soi ou du non soi) et qui peut se manifester par des effets néfastes pour l'organisme.

N.B : Le terme **Atopie** désigne la prédisposition héréditaire à produire des IgE en réponse à des faibles doses d'allergènes et à développer des manifestations d'hypersensibilité immédiate, par exemple : l'asthme, la rhino-conjonctivite, l'eczéma, la dermatite.

2. Maladies auto-immunes (MAI) :

Les MAI sont des réactions d'hypersensibilité de type II, III et parfois de type IV (voir l'annexe du cours) qui traduisent une agression contre les Ag du soi (mise en jeu d'une réaction immunitaire vis à vis des constituants du soi, en activant les lymphocytes B ou T auto réactifs et produisant des auto-anticorps).

On distingue 2 types de maladies auto-immunes : spécifiques et non spécifiques d'organes :

Maladies auto-immunes spécifiques d'organes	
Diabète insulino-dépendant Thyroïdites: maladies de Basedow et Hashimoto Maladie d'Addison	Glandes endocrines
Vitiligo Pelade Pemphigus	Peau
Hépatite auto-immune Cirrhose biliaire primitive	Foie
Sclérose en plaques	Nerfs
Maladie Coeliaque Gastrite de Biermer	Tube digestif
Maladies auto-immunes non spécifiques d'organes	
Syndrome de Gougerot Sjögren Polyarthrite rhumatoïde Lupus érythémateux disséminé	

<u>N.B :</u>

L'immunité artificielle joue aussi un rôle dans la prévention des maladies infectieuses ➔ voir le cours de vaccination /PNI (Programme National d'Immunisation).

<u>Lexique</u> :

Mémoire immunologique est la capacité de mémorisation rapide et vigoureuse que possèdent les lymphocytes T et B après un 1er contact avec un Ag. La vaccination est l'application de ce principe.

Tolérance immunologique est l'absence spécifique de réaction aux Ag du soi. C'est un phénomène acquis (*vs* inné).

Résumé du cours:

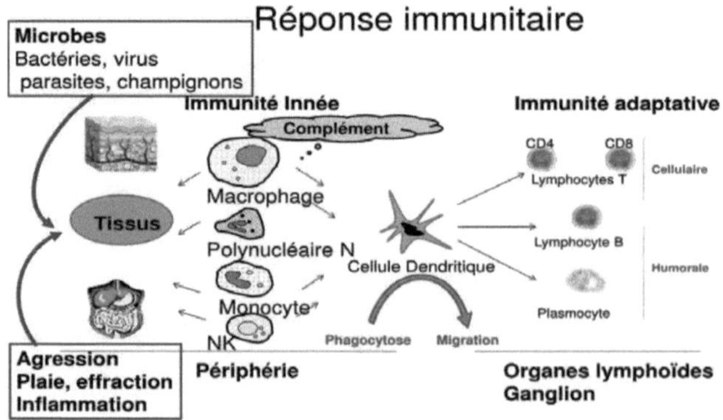

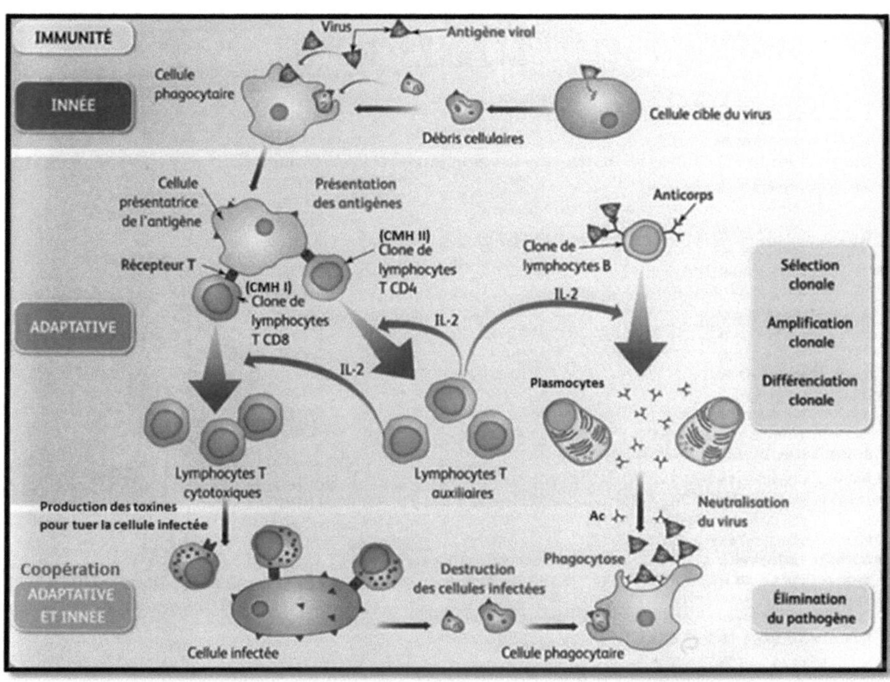

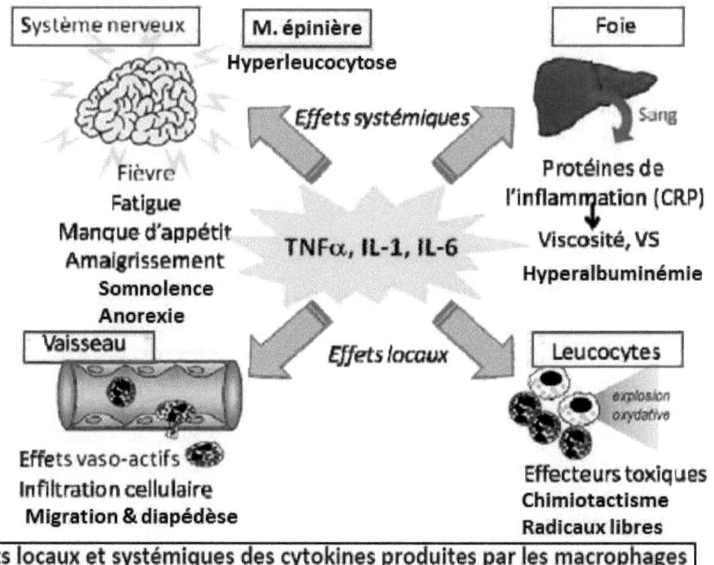

Effets locaux et systémiques des cytokines produites par les macrophages

RÉFÉRENCES

Livres et publications:

Mémo-Guide de biologie et de physiologie humaine, Hallouët & Borry (2009), Elsevier-Masson SAS.

Brock Biology of Microorganisms, Madigan & Martinko (2006), 11ème édition.

Color Atlas of Medical Microbiology, Hart & Shears (1996), Times Mirror International Publishers Limited.

Gell PGH, Coombs RRA (1963) Clinical Aspects of Immunology. 1st ed. Oxford, England: Blackwell.

Johansson SGO, O'B Hourihane J, Bousquet J, Bruijnzeel-Koomen C, Dreborg S, Haahtela T, Kowalski ML, Mygind N, Ring J, van Cauwenberge P, van Hage-Hamsten M, Wüthrich B (2001) A revised nomenclature for allergy. Allergy, 56:813-824.

Johansson SGO, Bieber T, Dahl R, Friedmann PS, Lanier BQ, Lockey RF, Motala C, Ortega Martell JA, Platts-Mills TAE, Ring J, Thien F, Van Cauwenberge P, Williams HC (2004) Revised nomenclature for allergy for global use: Report of the Nomenclature Review Committee of the World Allergy Organization, October 2003. J Allergy Clin Immunol, 113: 832-836.

Sites web utiles:

http://www.santeweb.ch/
http://www.cours-pharmacie.com
http://www.vulgaris-medical.com
http://www.wikipedia.com
http://acces.ens-lyon.fr

Chapitre III- Parasitologie :

1. Définitions et généralités :

Parasite : est un organisme animal ou végétal vivant aux dépens d'un autre (hôte), lui portant préjudice mais sans le détruire. Selon leur localisation, les parasites peuvent être :

- externes ou ectoparasites vivant à la surface ou dans les téguments de l'hôte, *e.g* : les acariens et les tiques.

- internes ou endoparasites vivant à l'intérieur du corps, dans les cavités profondes et tissus, *e.g* : les ascaris, les ténias.

Parasitologie : une science médicale qui étudie les parasites, de leurs hôtes, et de leurs interactions mutuelles.

Parasitisme : est une relation symbiotique entre par un individu parasite (symbiote) qui tire profit aux dépens d'un autre appelé hôte.

Vecteur : Organisme qui sert d'hôte à un agent pathogène et qui est susceptible de le transmettre à un autre organisme.

Cycle évolutif ou parasitaire ou biologique : Succession d'événements obligatoires permettant le passage d'une génération à la génération suivante. Il représente l'ensemble des transformations que doit subir un parasite pour assurer la pérennité de son espèce. Le <u>cycle direct</u> caractérise un parasite monoxène : un seul hôte (espèce ou groupe d'espèces animales) et le milieu extérieur (ME).

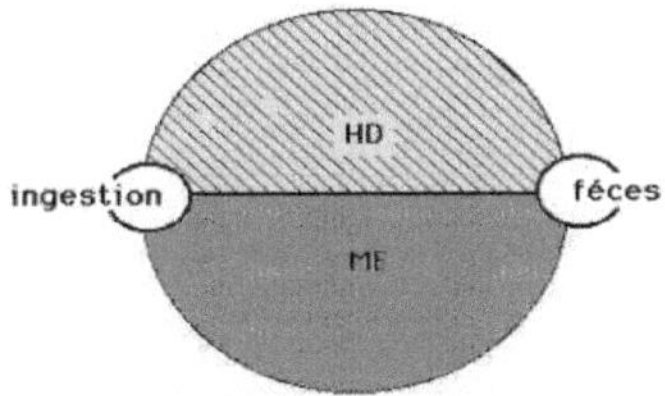

Cycle direct, péril fécal

Le <u>cycle indirect</u> (parasite hétéroxène) : 2 ou plus de 2 hôtes (d'espèce différente) qui se succèdent obligatoirement.
HD = hôte définitif (héberge la forme sexuée du parasite)
HI = hôte intermédiaire (forme asexuée du parasite)
HP = hôte paraténique = hôte surnuméraire et facultatif dans le cycle d'un parasite.

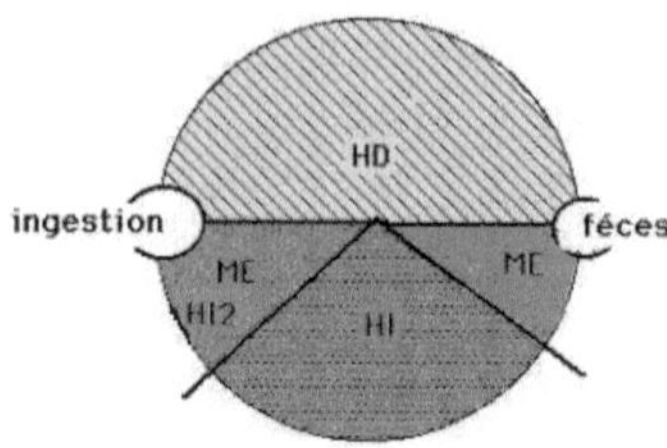

Cycle indirect, contamination bucale

2. Cycles biologiques et pouvoirs pathogènes de :

a. *Plasmodium* (Paludisme)

Le paludisme est une maladie potentiellement mortelle due à des parasites transmis à l'Homme par des piqûres de moustiques femelles infectés.

Le cycle parasitaire de Plasmodium se déroule successivement chez l'homme qui est l'HI (hôte intermédiaire) en phase asexuée, et chez l'anophèle qui est l'HD (hôte définitif) en phase sexuée.

Contamination de l'Homme = HI (reproduction asexuée) :

Chez l'homme le cycle est divisé en 2 phases qui se manifestent dans le foie et dans le sang, respectivement :

- La phase hépatique ou pré-érythrocytaire qui correspond à la phase d'incubation, elle est cliniquement asymptomatique.
- La phase sanguine ou érythrocytaire qui correspond à la phase clinique de la maladie.

Donc, l'Homme se contamine par piqure d'un anophèle femelle (moustique hématophage = vecteur du parasite *Plasmodium* et donc de la maladie du paludisme) dont les gamètes ou oocytes se différencient en sporozoïtes infestant dans sa salive (cycle sporogonique C). Les sporozoaires introduits et injectés dans le tissu sous cutané du corps humain, atteignent le foie et évoluent pour devenir des **mérozoïtes** qui, soit re-parasitent d'autres cellules hépatiques (cycle exo-érythrocytaire A), soit passent dans le sang pour s'installer dans les hématies sous forme d'un **trophozoïte** qui subit la schizogonie (reproduction asexuée) et se développe en schizonte. En fait, dans les 2 phases, le schizonte se lyse à maturation, libère des trophozoïtes qui vont infecter d'autres hématies (cycle érythrocytaire schizogonique B).

Contamination de l'anophèle ♀ = HD (reproduction sexuée):

Au cours de ce cycle sanguin (B), peuvent apparaitre des éléments sexués, appelés des **gamétocytes** qui vont contaminer l'insecte lors d'une deuxième piqure.

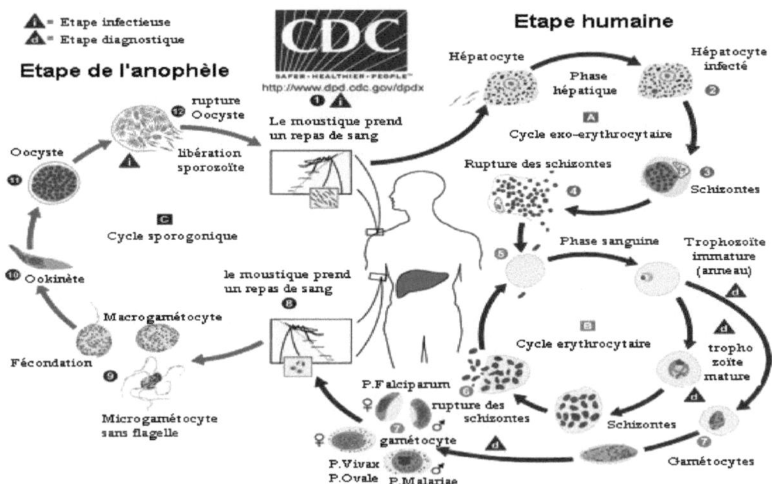

Figure: Cycle évolutif du parasite pathogène : Plasmodium

Taxonomie :

Règne : protistes
Embranchement : Apicomplexa (sporozoaires)
Classe : Haemosporidea
Ordre : Haemosporida
Famille : Plasmodidae
Genre : Plasmodium
4 espèces parasitent l'homme exclusivement :

Plasmodium malariae
Plasmodium vivax
Plasmodium ovale
Plasmodium falciparum

b. Ténia (Tæniasis et Cysticercose)

Les ténias sont des parasites cosmopolites de l'intestin grêle de l'Homme. Ils ont une forme rubanée, sont hermaphrodites, et leur évolution comporte un stade larvaire et un stade adulte. La forme larvaire est appelée **cysticerque**, elle est hébergée par les hôtes intermédiaires (bovins, porcins) et elle est infectante par voie orale pour l'homme (hôte définitif), chez lequel elle détermine le *tæniasis*.

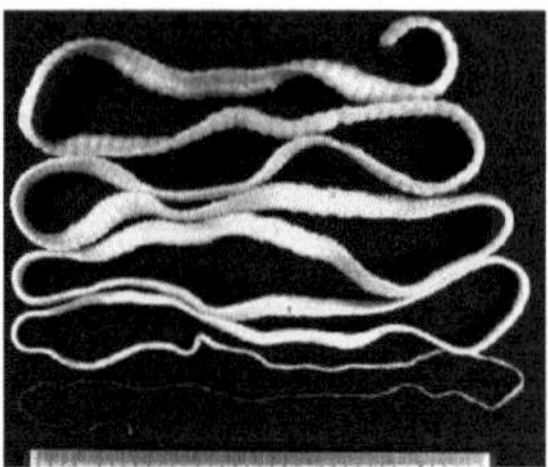

Le Tæniasis est une pathologie parasitaire provoquée par les vers plats (plathelminthes) ou cestodes : *Tænia saginata* et *T. solium*, qui utilisent les bœuf et le porc, respectivement, comme des HI et l'Homme comme HD.

L'homme peut accidentellement devenir hôte intermédiaire pour *T. solium* et ses larves peuvent déterminer une cysticercose sous-cutanée, musculaire, neurologique et/ou oculaire. Cette parasitose est due principalement à la consommation de viande porcine ou bovine crue ou peu cuite.

<u>N.B</u> : L'espèce *Tænia asiatica* utilise le bœuf <u>et</u> le porc comme HI.

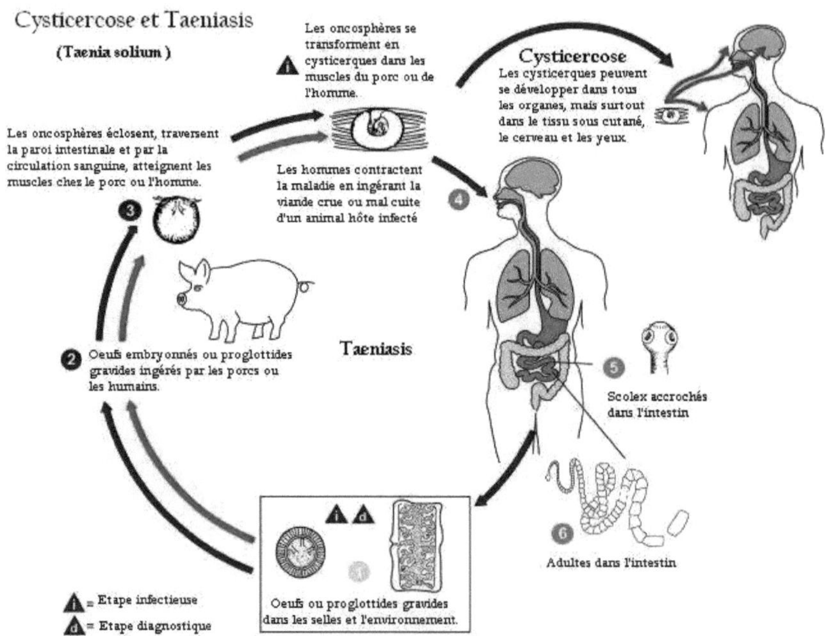

<u>Figure: Cycle évolutif du parasite pathogène du genre Tænia</u>

c. Ascaris (Ascaridiose)

Les ascaris sont des nématodes aux sexes séparés vivant dans l'intestin grêle de l'Homme. L'*ascaridiose* est une parasitose cosmopolite résultant de l'infestation de l'Homme par ces nématodes.

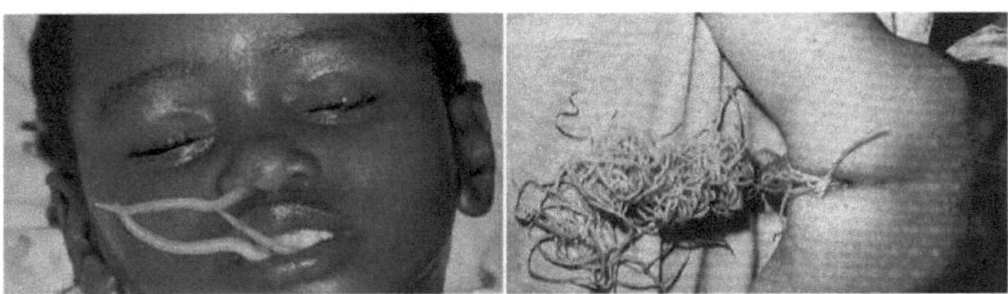

Contamination de l'Homme = de l'HD

La contamination humaine se fait par ingestion des **œufs** infestant et souillant les aliments, les boissons et les mains sales, la coque se dissout au niveau de l'estomac, laissant échapper une **larve vermiforme** L2 mobile par effraction de la paroi entérale. L2 migre dans le foie, le cœur droit, les poumons et subit 2 mues (devient larve L3 infectieuse) avant de se diriger vers l'intestin grêle pour se transformer en adultes mâles et femelles. Le stade adulte est obtenu en 2 -3 mois. Les ♀ et les ♂ s'accouplement et le cycle recommence.

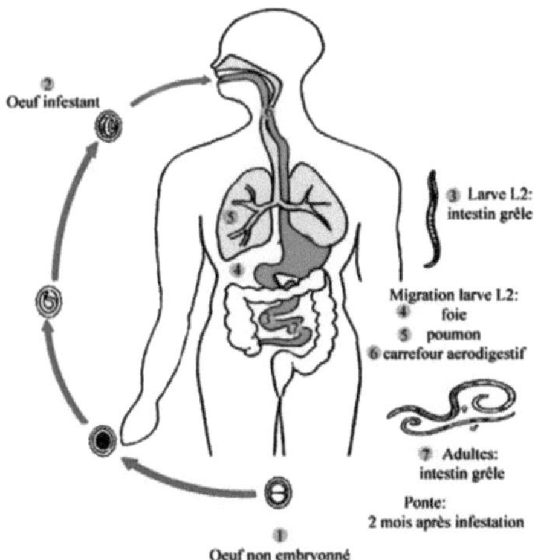

Figure: Cycle évolutif du parasite pathogène *Ascaris lumbricoides*

Taxonomie :

Embranchement : Némathelminthes
Classe : Nématodes Phasmidiens
Ordre : Ascaridés
Super famille : Ascaroidea
Espèce : *Ascaris lumbricoides*

d. *Enterobius* (Oxyurose)

L'oxyure est un ver parasite du tube digestif (intestin grêle et gros intestin, rectum et anus) qui provoque une parasitose bénigne appelée **l'oxyurose** qui se manifeste par des démangeaisons au niveau de l'anus ou du vagin surtout le soir.

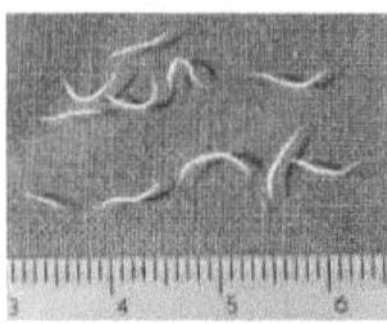

Contamination de l'Homme = HD : Le cycle de vie des oxyures et un cycle direct et peut se faire selon 3 modes :

Cycle direct
L'Homme se contamine en ingérant ou en inhalant des œufs embryonnés qui perdent leurs coques dans l'estomac et libèrent des **embryons vermiformes.** L'évolution en mâles et femelles s'installe dans l'intestin (cæcum). Après l'accouplement, le male meurt et la femelle gravide migre vers la marge anale, où elle pond ses œufs et meurt à son tour.

Cycle d'autoréinfestation
Il s'agit de la contamination des malades par leurs propres œufs inhalés ou avalés en portant des mains sales à la bouche, sachant que le malade se gratte l'anus pendant la nuit, le devenir des œufs est identique à celui du cycle direct.

Cycle de rétro-infection
Les œufs pondus dans la marge anale y éclosent, et il y a libération des **larves mobiles** qui remontent vers l'intestin par leur propres moyens et deviennent adultes. L'évolution se complète comme dans le cycle direct.

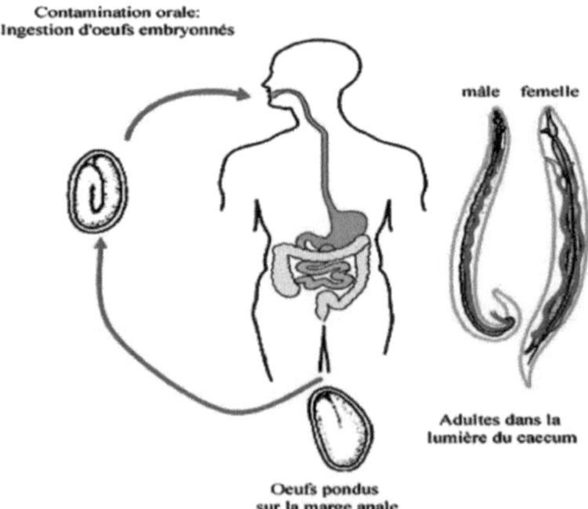

Figure: Cycle évolutif du parasite pathogène *Enterobius vermicularis*

Taxonomie :
Embranchement : Némathelminthes Classe : Nématodes Phasmidiens Ordre : Oxyuridés Super famille : Oxyuroidea Espèce : *Enterobius vermicularis*

e. Schistosome (Bilharziose)

Les schistosomes sont des helminthes trématodes causant des bilharzioses et dont le cycle de vie nécessite la présence d'eau douce et chaude et de bulins (= mollusques aquatiques). Les espèces de schistosomes infectant l'Homme sont : S*chistosoma haematobium*, *S. japonicum*, et *S. mansoni*. L'espèce *S. haematobium* provoque la bilharziose urinaire et elle est appelée aussi l'hématurie d'Egypte.

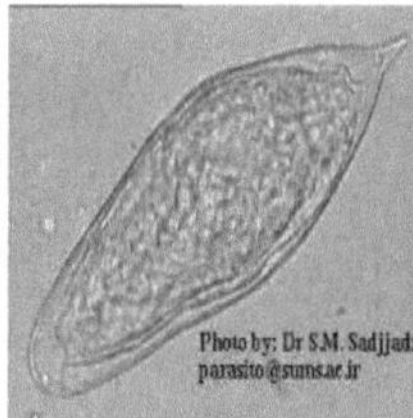

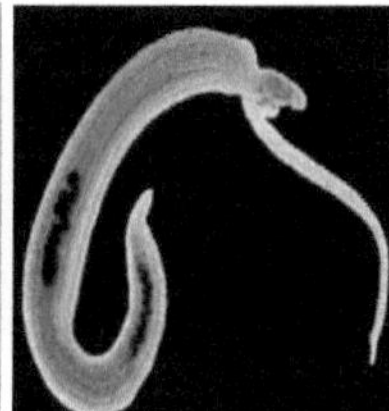
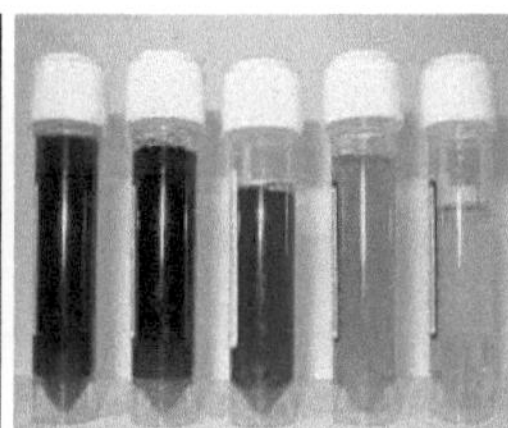

Contamination de l'Homme = HD :

Les vers adultes sont situés et accouplés dans les plexus veineux hépatique et mésentérique.

Les femelles fécondées remontent le réseau de capillaires vésicaux et y pondent des œufs non embryonnés, après maturation deviennent des œufs embryonnés (contenant le miracidium).

Leur élimination par les urines se fait dans l'eau chaude, et après leur éclosion, il y a libération du miracidium (= larve nageuse ciliée) qui pénètre l'HI, qui est un bulin, mollusque d'eau douce dont la reproduction est asexuée.

La larve donne un sporocyte puis des furcocercaires mobiles libres, qui par pénétration active transcutanée, contaminent l'HD et deviennent des schistosomules qui gagnent l'appareil circulatoire sous-cutané, le cœur droit, les poumons, cœur gauche, puis les gros vaisseaux hépatiques, où ils deviennent des mâles ou des femelles.

CYCLE EVOLUTIF

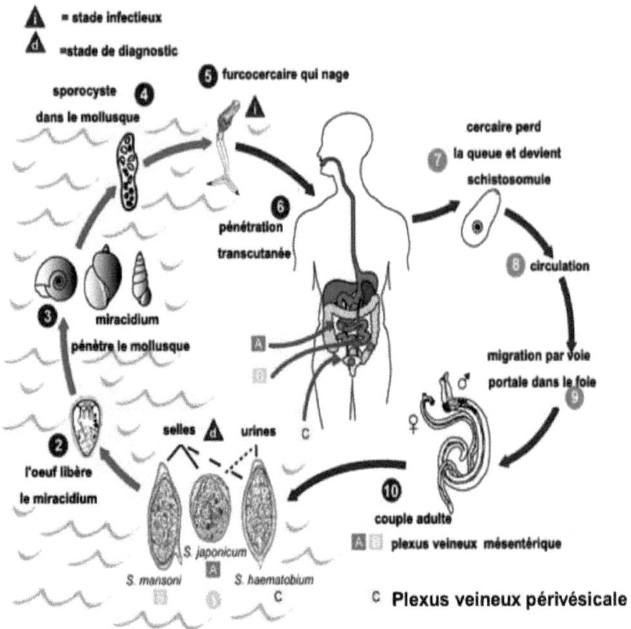

Figure: Cycle évolutif du parasite pathogène *Schistosoma haematobium*

Taxonomie :

Embranchement : Plathelminthes
Classe : Trématodes,
Sous-ordre : Strigaeta
Famille : Schistosomatidae:
Espèce : *Schistosoma haematobium*

f. *Ancylostoma sp* (Ankylostomose =Ancylostomose)

Les ankylostomes sont des nématodes qui parasitent l'Homme par voie transcutanée au moyen d'une larve mobile dite **larve strongyloïde** enkystée infectante. L'ankylostomose est une pathologie liée au péril fécal humain.

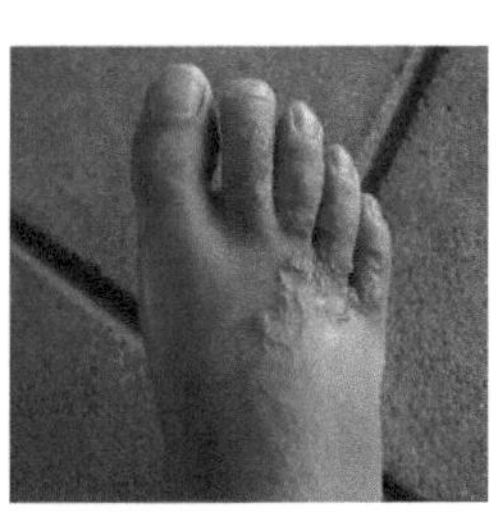

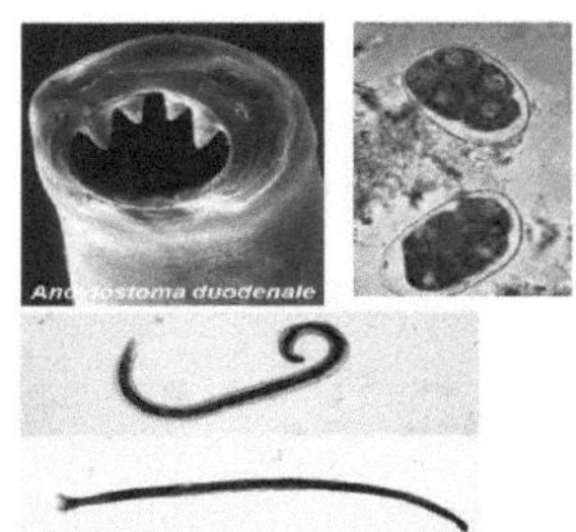

Il y a 3 stades larvaires, à savoir : **L1**: rhabditoïde, **L2**: strongyloïde, et **L3**: strongyloïde infectieuse.

Contamination de l'Homme = HD :

Elle se fait *via* un cycle direct par voie transcutanée**.** La pénétration active de la larve se fait au niveau des pieds et exceptionnellement par voie buccale. Par la circulation générale, les larves atteignent successivement, le cœur droit, puis traversent les alvéoles pulmonaires, remontent vers le pharynx où elles sont dégluties dans l'œsophage. Elles deviennent adultes dans le duodénum. Les adultes présents dans le duodénum et le jéjunum érodent la muqueuse, entraînant douleurs et saignements. Les œufs sont éliminés dans les fèces. Ces œufs, dans le milieu extérieur, s'embryonnent en 1 à 2 jours et libèrent une larve rhabditoïde. En quelques jours, la larve subit deux mues et devient une larve strongyloïde infectante. Elle peut résister de nombreux mois en milieu humide. Les larves enkystées ont un tropisme (orientation) pour la chaleur, l'humidité et la peau, facilitant ainsi la poursuite du cycle naturel.

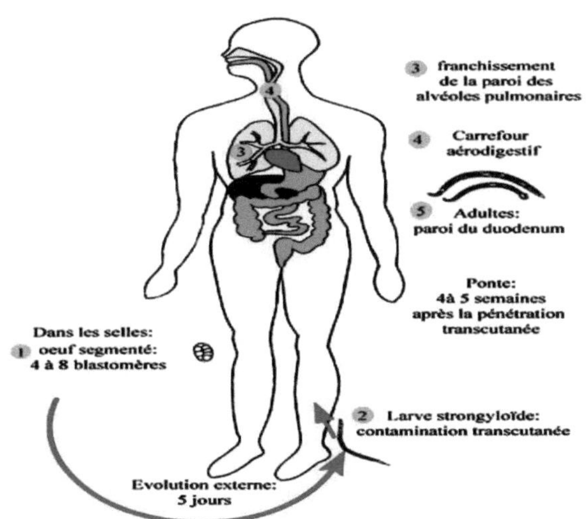

Figure: Cycle évolutif du parasite pathogène *Ancylostoma duodenale*

Taxonomie :

Embranchement : Némathelminthes
Classe : Nématodes Phasmidiens
Ordre : Strongylidés
Super famille : Ancylostomatoidea
Espèces : *Ancylostoma duodenale*, *Ancylostoma sp* et *Necator americanus*

g. Amibe ou *Entamoeba histolytica* (Amibiase)

L'amibe est un parasite monoxène obligatoire de l'homme et son cycle évolutif est direct. Sa transmission est passive et se fait par ingestion de kystes mûrs et des trophozoïtes infectieux (phase extra-intestinale).

Morphologiquement, l'amibe peut avoir différentes formes :

1. Trophozoïte ou forme cellulaire végétative et de multiplication.
2. Forme minuta mesurant 10 à 15 µm,
3. Forme histolytica: mesurant 20 à 30 µm et qui se caractérise par la présence d'hématies en voie de digestion dans des vacuoles cytoplasmiques.
4. Kyste ou forme de dissémination passive et de résistance dans le milieu extérieur.

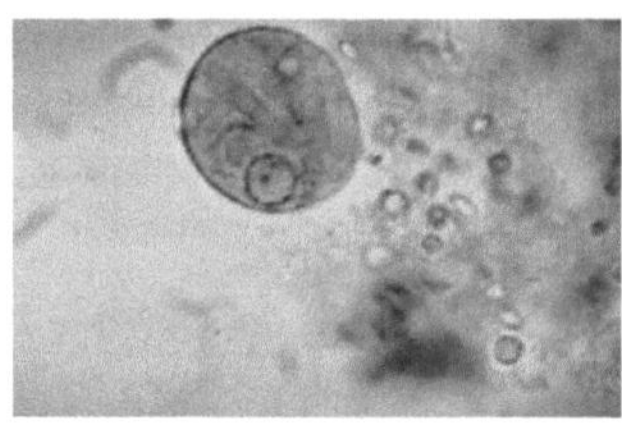

L'amibiase est une maladie liée au Péril fécal humain. Les humains la contracte en ingérant un **kyste** mur à 4 noyaux (la forme infectante de la maladie) dont la coque se dissout et libère une masse cytoplasmique à 8 noyaux, sous l'influence des sucs et de l'acidité gastrique. Cette masse se transforme en une masse à 8 noyaux**,** puis en **amibule,** et enfin en **forme végétative minuta** mobile qui se multiple dans la lumière du gros intestin.

- Quand les conditions sont défavorables, elles s'enkystent et seront éliminées dans le milieu extérieur.

- Quand les conditions favorables, l'amibe occupe la sous muqueuse sous forme *d'**Entamoeba histolytica*** et commence à se nourrir aux dépens des hématies, ce qui déclenche la phase aiguë de la parasitose intestinale caractérisée par des selles glairo-sanglantes.

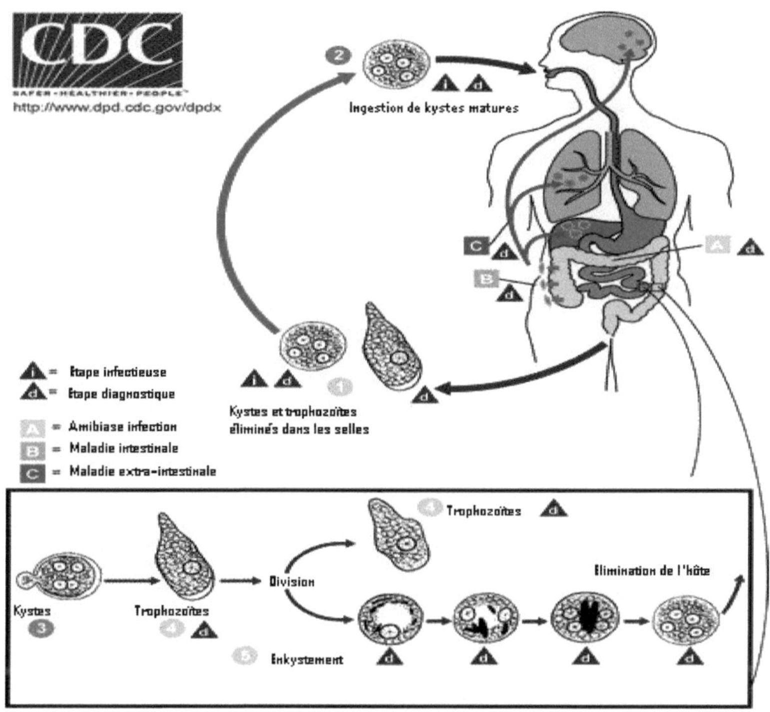

Figure: Cycle évolutif du parasite pathogène *Entamoeba histolytica*

Taxonomie :
Embranchement : Sarcomastigophora Sous Emb. : Sarcodina (ou Rhizopodes) Ordre : Euamoebida Genre : Entamoeba Espèce : *Entamoeba histolytica*

h. Toxoplasme (Toxoplasmose)

La toxoplasmose est l'infection provoquée par le parasite *Toxoplasma gondii.*

C'est une parasitose ou zoonose cosmopolite due à l'**ingestion d'oocystes murs** telluriques (eau, aliments, mains) dont le cycle évolutif est monoxène ou hétéroxène.

Le cycle biologique du toxoplasme se déroule entre : **le HD = le chat + les félidés sauvages** et les **HI qui sont des animaux à sang chaud** (homéothermes) hébergeant les formes asexuées. Les félidés se contaminent en chassant les hôtes intermédiaires (oiseaux, mammifères) qui eux même se contaminent à partir des oocystes présents sur le sol, les végétaux ou dans les eaux de boisson.

Une particularité originale du toxoplasme, est la possibilité d'un cycle asexué ne faisant pas intervenir d'hôte définitif, le parasite passant d'un hôte intermédiaire à un autre par l'ingestion de kystes contenus dans la chair d'animaux carnivores ou herbivores.

Contamination de l'Homme ou animaux à sang chaud = HI :
La contamination par *Toxoplasma gondii* se fait sous 3 formes évolutives *:*

- Par des **oocytes** murs éliminés dans les fèces du chat (HD) et souillant les végétaux, l'eau et les mains
- En ingérant des **kystes** de toxoplasme contenant des **bradyzoïtes** localisée dans la viande mal cuite des animaux hôtes intermédiaires (mouton, bœuf, certains oiseaux, et certains rongeurs…)
- Par la voie materno-fœtale ou trans-placentaire au moyen des **tachyzoïtes** intercellulaires. Chez la femme enceinte, cette voie est plus ou moins bénigne selon l'âge de la grossesse, mais peut conduire à l'avortement, des fausses couches ou aux malformations.

Contamination du chat ou des félidés = HD :

Elle se fait au niveau du tube digestif et se caractérise par une reproduction asexuée (coccidiose), suivie d'une reproduction sexuée donnant naissance aux **oocytes**. Dans le milieu extérieur, la maturation des oocystes donne des **sporozoïtes** infectieux, qui peuvent être ingérés par l'HD sous forme de **kystes** ou par des HI.

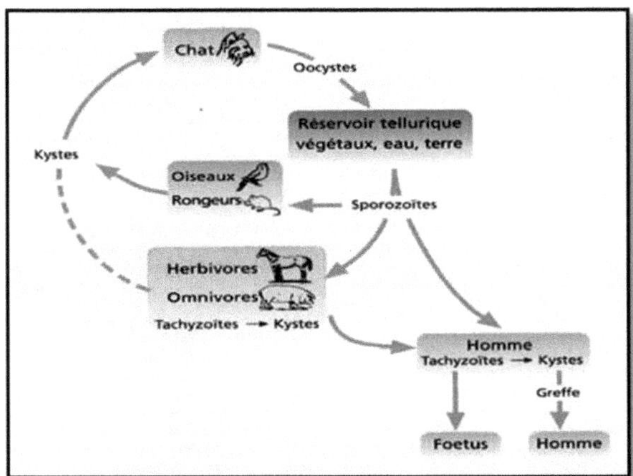

Figure : Cycle évolutif du parasite pathogène *Toxoplasma gondii*

Taxonomie :

Règne : Protistes (Protozoaires)
Embranchement : Apicomplexa (Sporozoaires)
Classe : Coccidea
Ordre : Eimariida
Famille : Sarcocystidae
Genre : Toxoplasma
Espèce : *Toxoplasma gondii*

REFERENCES

Livres et ouvrages :

Brock Biology of Microorganisms, Madigan & Martinko (2006), 11ème édition.

Color Atlas of Medical Microblology, Hart & Shears (1996), Times Mirror International Publishers Limited.

Microbiologie Clinique, adaptée de: Microbiology in Health and Disease, Frobisher & Fuerst (1973), 13ème édition.

Sites web utiles:

http://www.cdc.gov/
http://www.who.int/
http://campus.cerimes.fr/parasitologie
http://www.wikipedia.com
http://www.nature.com
http://pharmaweb.univ-lille2.fr/apache2default/cours_en_ligne/parasitologie/Internat/courspar/index.html
http://www.larousse.fr/encyclopedie/divers/virus/101864
http://faculty.ksu.edu.sa/

ANNEXES

A. Classifications des hypersensibilités :

Les réactions d'hypersensibilité sont différentes par rapport aux agents qui les déclenchent. Il y a différentes classifications de l'hypersensibilité : selon Gell & Coombs (1963), Johansson *et al.* (2001 et 2004)...*etc.*

i. Selon Gell & Coombs :

L'hypersensibilité de type I, ou immédiate est causée par la dégranulation des mastocytes induite par des anticorps IgE spécifiques entraînant la libération de médiateurs vasoactifs.

L'hypersensibilité de type II est causée par la reconnaissance d'antigènes à la surface de cellules ou de composants tissulaires qui ont une ADCC (activité cytolytique anticorps dépendante) (IgG) ou par l'activation du complément (IgM ou IgG).

L'hypersensibilité de type III, ou semi-retardée est causée par le dépôt de complexes antigènes-anticorps (IgM ou IgG) produits en grande quantité et qui ne peuvent être éliminés par les phagocytes entraînant une activation du complément et de l'inflammation.

L'hypersensibilité de type IV, ou retardée est causée par la sécrétion de cytokines de type Th1 entraînant un recrutement et une activation des macrophages.

Type	I	II	III	IV
Effecteur	IgE	IgG(M)	IgG(M)	Cellules
Délais	immédiate	intermédiaire	intermédiaire	retardée
Cellules	Mastocyte basophile	(Phagocyte)	(Phagocyte)	Lympho macrophage
Médiateurs	Histamine leucotrienes	Complément ADCC	complément	cytokines
Traitement urgence	Adrénaline Anti histamine		Anti inflammatoire	corticoïdes

ii. Selon Johansson et al. 2001-2004 :

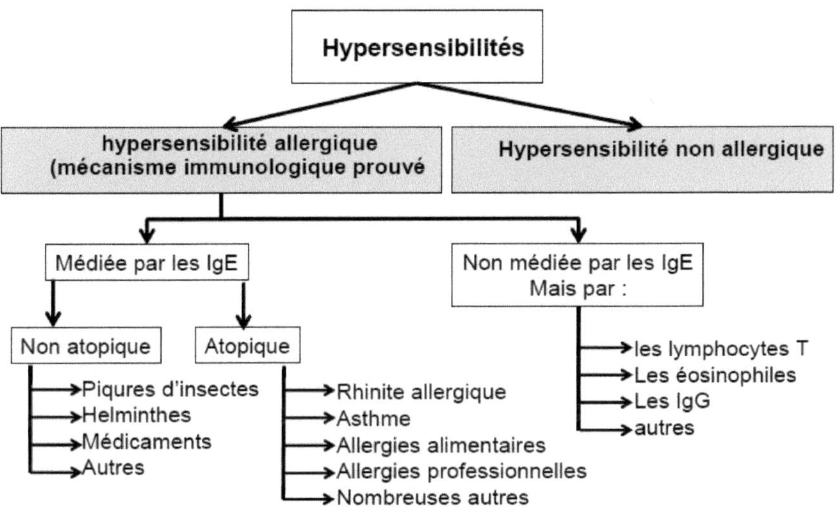

Printed by Books on Demand GmbH, Norderstedt / Germany